高等院校数字化融媒体特色教材
动物科学类创新人才培养系列教材

动物分子生物学
实验指导

吴小锋　罗丽健　主编

ZHEJIANG UNIVERSITY PRESS
浙江大学出版社

高等院校数字化融媒体特色教材
动物科学类创新人才培养系列教材
出版说明

调动学生学习的主动性、积极性、创造性,重视学生能力的培养是当今教学改革的主旋律。教材是实施教学的依据和手段。作为教材,不仅要传授最基本、最核心的理论知识,更重要的是应努力教给学生如何提高各种学习能力,包括自学能力(查阅文献资料能力)、科学思维能力(分析、综合、想象和创造能力)、动手能力(实验设计和基本操作能力)和表达能力(语言、文字、图表及整理统计能力)等。

为适应教学改革的需要和学科发展,《动物科学类创新人才培养系列教材》编委会组织一批学术水平高、实践经验丰富的专业教师,经过几年的教学实践和专题研究,编写了这套教材。

本系列教材紧跟动物科学、动物医学研究进展,围绕应用型专业培养目标,体现三基(基本方法、基本操作、基本技能)、五性(创新性、科学性、先进性、启发性、实用性)原则。编写时以整合创新、注重能力培养为导向,有所侧重、有所取舍地介绍了各门课程的最新发展成果。实验教材,结合科研实际详细叙述了有关实训项目的基本原理、操作方法、注意事项及思考题,高标准、严要求,为开展进展性、启发性个案教学服务,以培养学生的创新、探究能力。理论教材,以基本理论为基础,以问题为主线,力求将最新科研成果(如动物基因工程、胚胎移植、动物营养调控等)、教学经验编入其中,通过对问题的思索和讨论,启发学生的思维,激发学生的学习兴趣,加深对基本原理与知识点的理解,以拓展学生的视野,提高科研创新与实际应用的能力。注重建立以学生为主体、教师为主导的新型教学关系,促进学生从记忆型、模仿型学习向思考型、创新型、探究型学习转变,为终身学习打下坚实的基础。

知识点呈现深入浅出,表达形式活泼。利用"互联网+"教育技术建设"立方书"教学平台,以嵌入二维码的纸质教材为载体,将教材、课堂、教学资源三者融合,实现线上线下结合的教学模式,读者只要用手机扫描"二维码",就可以随时随地学习和查阅,做到边学习、边操作,给人以形象生动、易学易懂的直观感受。

首批 14 种教材,包括《动物遗传学》(英文版)、《动物病理学》、《蚕丝与蚕丝蛋白》、《茧丝加工学》、《生物材料学》、《水产动物养殖学》、《动物分子生物学实验指导》、《畜产品加工实验指导》、《动物解剖学实验指导》、《兽医寄生虫学实验指导》、《动物营养学实验指导》、《家畜组织学与胚胎学实验指导》、《兽医药理学实验指导》和《消化道微生物学实验指导》。

本套教材适合作为动物科学、动物医学、食品科学与工程、动物养殖、水产养殖、动物检验检疫、食品加工和贸易等专业的教材,也可作为科研人员实验指导书以及从业人员的继续教育教材。

在教材陆续出版之际,感谢为该套教材编写和出版付出辛勤劳动的教师和出版社的工作人员,并恳请读者和教材使用单位多提批评意见和建议,以便今后进一步修订完善。

《动物科学类创新人才培养系列教材》编委会

前　　言

　　动物分子生物学实验课程的设立目的在于培养学生掌握与分子生物学相关的基本实验技术和技能,通过实验设计和操作,培养学生的实际动手操作能力以及发现、分析和解决问题的能力。

　　本指导书主要内容包括实验前基本训练、动物组织 DNA 和 RNA 的提取与定性定量分析、PCR 基因克隆技术、体外重组 DNA 技术、基因片段的纯化、体外连接、细菌转化、转化子的筛选、限制性内切酶分析以及重组蛋白质的表达和分析技术等。另外,实验内容还增加了胚胎原位杂交、用于基因表达分析的 Southern 印迹杂交技术和 Northern 印迹杂交技术以及蛋白质 Western 印迹杂交技术等。

　　本书可作为本科生(动物科学、动物医学方向)必修课程动物分子生物学的实验指导书,也可供从事动物分子生物学的教学、科研人员参考。

　　由于时间仓促,水平有限,本书难免有不妥之处,敬请读者提出宝贵意见。

目　　录

实验前基本训练

一、实验室守则及基本要求

1. 穿着整洁,进入实验室必须穿专用实验服。

2. 实验室内严禁吃食物,不高声谈话及随便走动。

3. 实验前必须认真预习,熟悉实验内容,了解实验过程中需使用仪器的性能,了解相应的操作技术。实验中应严格按操作规程进行,认真操作,仔细观察,及时记录实验现象及结果。实验结束后,认真分析和总结实验结果,认真做好每一次的实验报告。

4. 实验器具应保持清洁,任何使用过的器具及玻璃器皿必须洗净后放回原处。使用贵重精密仪器时,应严格遵守操作规程。发现故障立即报告指导教师,不得擅自拆检。

5. 实验台面应随时保持整洁,仪器、药品摆放整齐。公用试剂用完后,应立即盖好放回原处。

6. 值日生制度:每次实验安排 3～4 人值日。其职责是负责实验器具的整理,做好操作台、水槽、地板等实验室卫生工作和一切服务性工作,并注意实验室水、电、门、窗等方面的安全工作。

二、注意事项

1. 实验前应做好试剂的配制、用品灭菌等准备工作。配制分子生物学实验各种试剂,必须使用重蒸水(ddH_2O)。

2. 使用后的器皿必须认真清洗干净,洗完后还要用重蒸水冲洗 3 次。

3. 凡是可以进行灭菌的试剂与用具都必须经过高压蒸汽灭菌后使用,防止其他杂质或酶对 DNA、RNA 或蛋白质的降解。

4. 凡是操作所用的一切塑料器具(Eppendorf 管、吸嘴等),在使用前都应装入盒子和瓶子中灭菌,且装盒或装瓶过程中都应采用镊子,或戴上一次性手套进行操作,不能直接用手去拿,严防手上杂酶的污染。

三、微量移液枪基本操作要领

微量移液枪是分子生物学实验的必备工具,务必熟练操作。微量移液枪是连续可调的、计量和转移液体的专用仪器。其装有直接读数容量计,读数由三位拨号数字组成,在移液枪容量范围内能连续调节,从上(最大数)到下(最小数)读取(图0-1)。微量移液枪的型号就是其最大容量值。按钮向下压以及放的动作、速度要缓慢平稳。

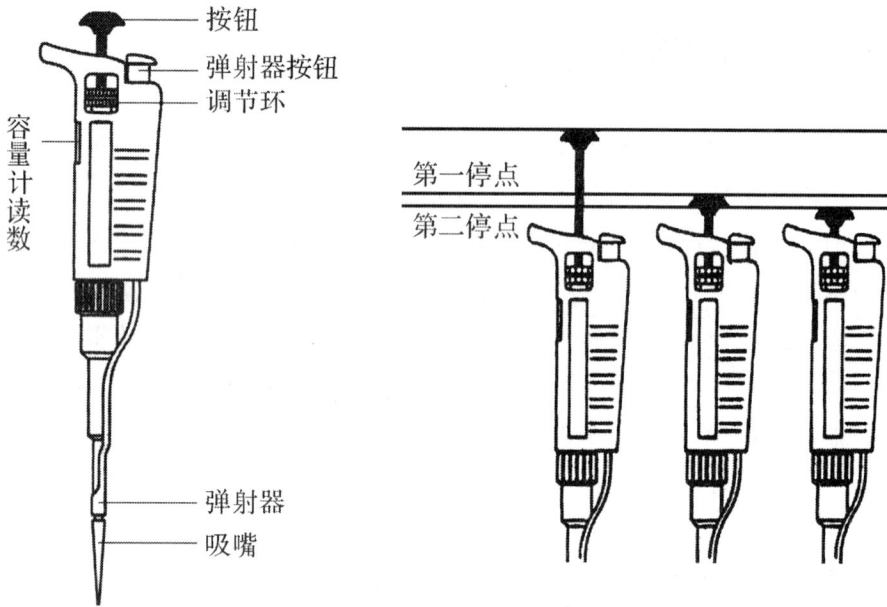

图 0-1　微量移液枪

微量移液枪基本操作要领如下:

1.将微量移液枪按钮轻轻压至第一停点。

2.垂直握持微量移液枪,使吸嘴浸入液面下几毫米。注意:千万别将吸嘴直接插到液体底部。

3.缓慢、平稳地松开控制按钮,吸上样液;否则液体进入吸嘴太快,导致液体倒吸入移液枪内部,或吸入体积减小。

4.等一秒钟后将吸嘴提离液面。

5.平稳地把按钮压到第一停点,再把按钮压至第二停点以排出剩余液体。

6.提起微量移液枪,使吸嘴在容器壁擦过。

7.然后按吸嘴弹射器除去吸嘴。

注意事项:

1.未装吸嘴(Tip头)的微量移液枪绝对不可用来吸取任何液体。

2.一定要在允许范围内设定容量,千万不要将读数的调节超出其适用的刻度范围,否则会造成损坏。

3.不要横放吸嘴带有残余液体的移液枪。

4.不要用大量程的移液枪移取小体积样品。

四、离心机的使用

特别注意离心机使用中的平衡问题。应注意保持离心管放置位置的对称以及离心管中样品的平衡(图0-2),并要拧紧盖好离心机内部的盖子,否则会损坏仪器。此外,应注意离心管在离心机内的放置方向。对于冷冻离心机,应注意及时将盖子盖上。

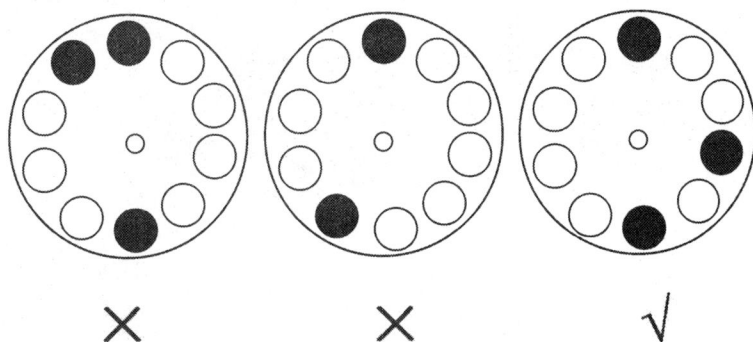

图 0-2　离心管放置位置的对称以及离心管中样品的平衡

五、分子生物学实验需要特别注意的事项

1.DNA染色剂[溴化乙锭(EB)染色剂]是剧毒有害物质。进行DNA染色时应戴上乳胶手套,避免用手直接接触。经过EB染色的琼脂糖凝胶不能随便丢弃,应放置在指定的垃圾回收箱中。

2.DNA需要在紫外线下才能观察,应带特制的眼镜或隔开玻璃观察,避免紫外线灼伤皮肤。

3.涉及DNA重组(如将目的基因克隆入质粒载体等)的实验,所有实验样品不能随便丢弃。学生带回观察的培养皿(如实验四,转化后蓝白斑观察)应及时交回,并放置在特定的垃圾箱内,经过高压灭菌才能作为垃圾丢弃。

六、熟悉用于分子生物学实验的常规仪器

用于分子生物学实验的常规仪器如图 0-3 至图 0-7 所示。

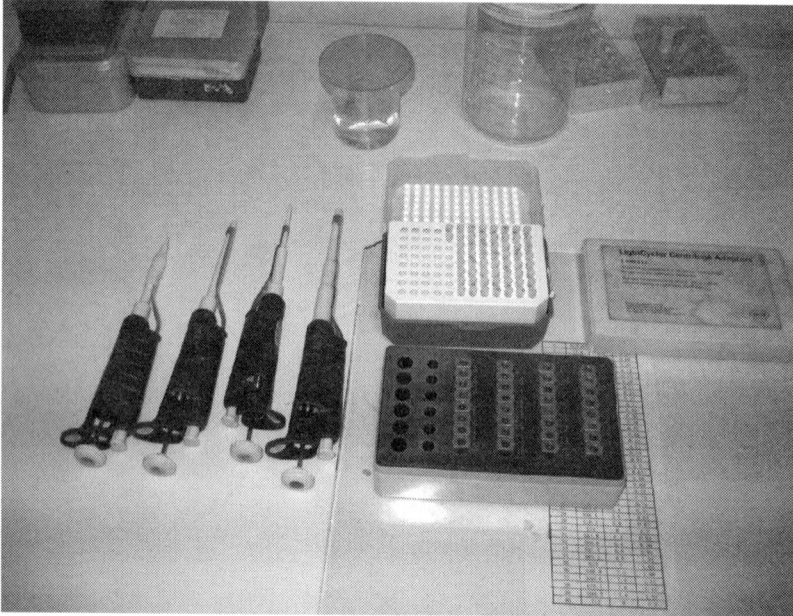

图 0-3　移液枪、金属恒温浴

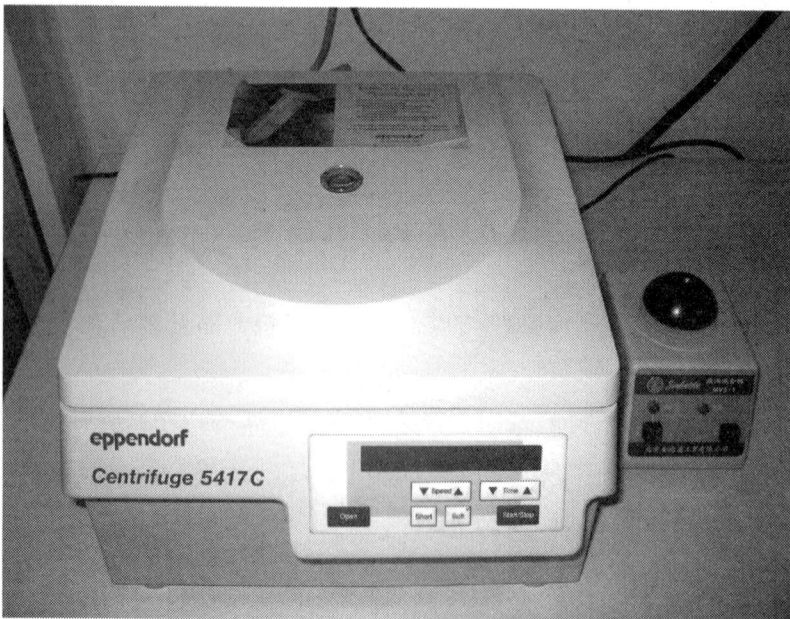

图 0-4　台式离心机

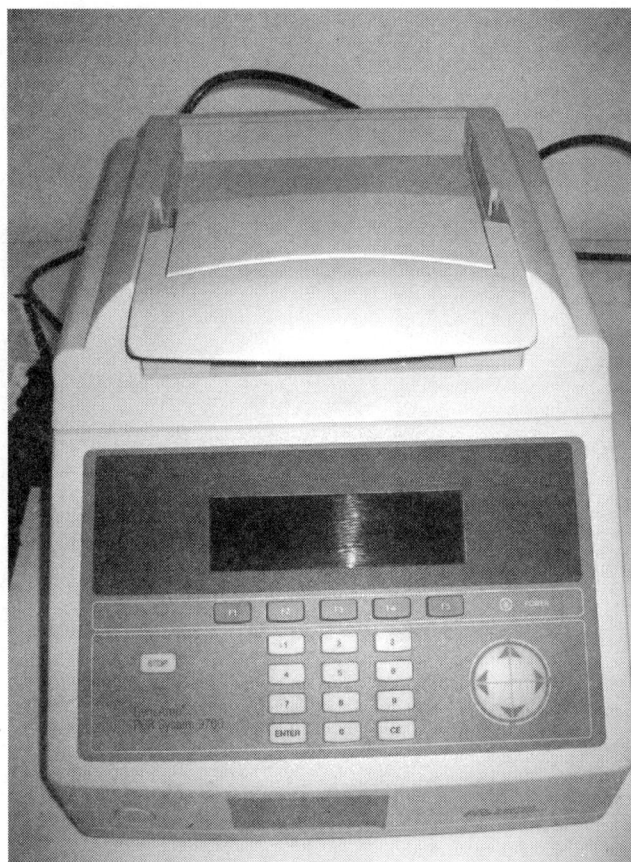

图 0-5 PCR 仪

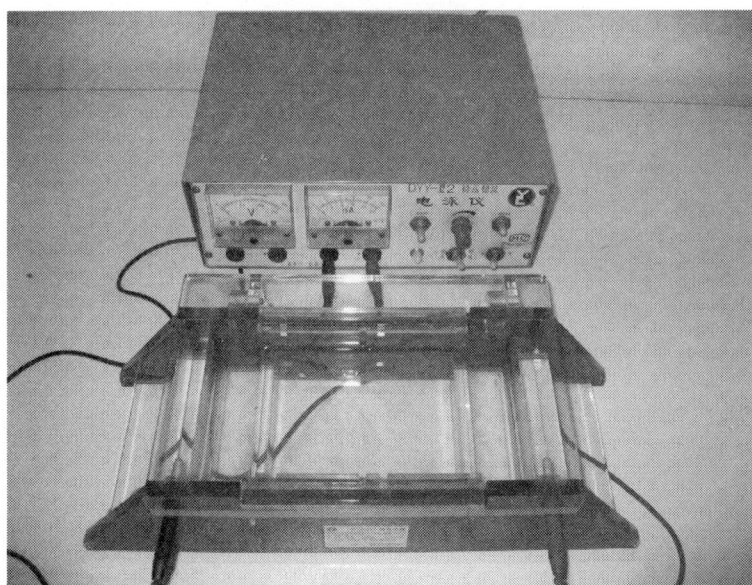

图 0-6 电泳仪

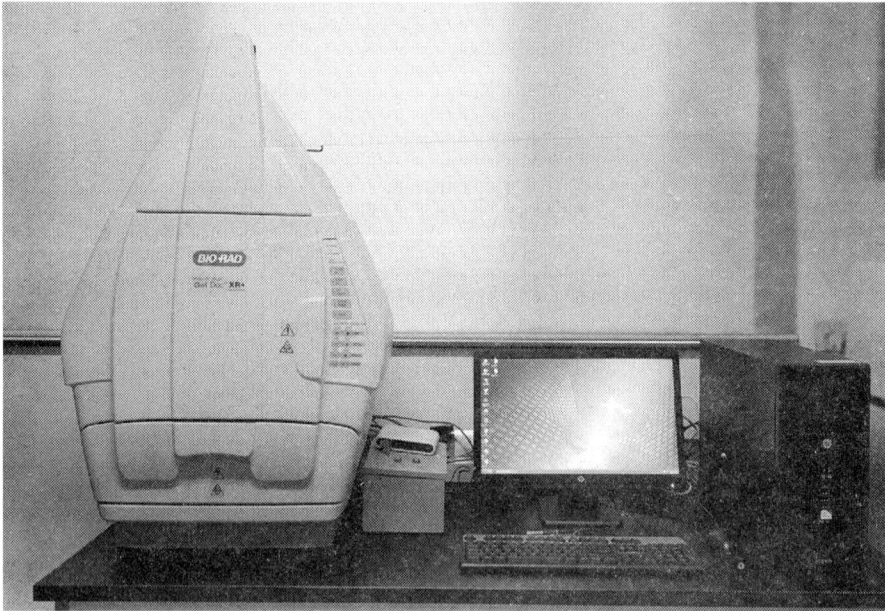

图 0-7　凝胶成像仪

七、动物分子生物学实验的其他要求

1.每次实验务必参加,缺席者扣除相应实验成绩。

2.每位同学都必须亲自动手做实验,全程参与,不能委托他人或中途从其他同学那里取得样品。

3.实验报告务必手写,不能打印。"实验结果分析"、"实验心得体会"是重点,每次实验报告必须附上结果图片。

4.实验报告左上角注明"选课序号"(方便教师快速查到学生名单、记录成绩)。待完成全部实验后装订成册、上交。

实验一　动物细胞基因组 DNA 的分离、定量和限制性内切酶消化

实验前特别注意事项:酚、EB(溴化乙锭)等对人体有毒。在操作有毒试剂时必须戴上 PE 手套,小心操作,防止其进入人体。

一、实验目的

通过本实验学习和掌握:
(1)动物基因组提取的原理和方法;
(2)DNA 的琼脂糖凝胶电泳技术;
(3)DNA 检测技术(定量、定性);
(4)DNA 酶解(消化)技术。

二、实验原理

真核生物的一切有核细胞(包括培养细胞)都能用来制备基因组 DNA。真核生物的 DNA 是以染色体的形式存在于细胞核内的,如图 1-1 所示。因此,制备 DNA 的原则是既要将 DNA 与蛋白质、脂类和糖类等分离,又要保持 DNA 分子的完整性。提取 DNA 的一般过程是,将分散好的组织细胞在含 SDS(十二烷基硫酸钠)和蛋白酶 K 的溶液中消化分解蛋白质,再用酚-氯仿-异戊醇抽提,分离、去除蛋白质,经乙醇沉淀使 DNA 从溶液中析出。

蛋白酶 K 的重要特性是能在 SDS 和 EDTA-Na$_2$(乙二胺四乙酸二钠)存在下保持很高的活性。在匀浆后提取 DNA 的反应体系中,SDS 可破坏细胞膜、核膜,并使组织蛋白与 DNA 分离,EDTA 则抑制细胞中 DNase 的活性;而蛋白酶 K 可将蛋白质降解成小肽或氨基酸,使 DNA 分子完整地分离出来。

制备基因组 DNA 是研究基因结构和功能的重要步骤,如大相对分子质量 DNA 可用于构建基因文库或基因组 Southern 分析,通常要求片段的相对分子质量达到 100～200 kb。有效制备大分子 DNA 的方法都要考虑两个原则:①防止和抑制内源 DNase 对 DNA

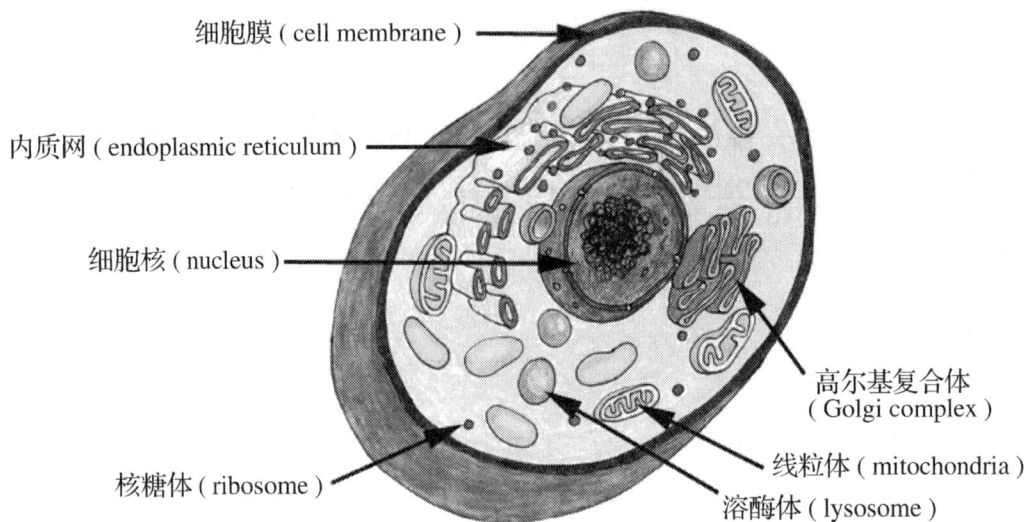

图 1-1　真核生物细胞示意图,DNA 位于细胞核内

的降解;②尽量减少对溶液中 DNA 的机械剪切破坏。要实现原则①,只需加入一定浓度的螯合剂,如 EDTA,因为几乎所有 DNase 都需要 Mg^{2+} 或 Mn^{2+} 为辅助因子。要实现原则②,则应在操作过程中尽量减弱溶液的涡旋,动作要轻柔,进行 DNA 溶液转移时使用大口吸管。

DNA 提取方法很多,本实验采用酚抽提法。其基本原理是超低温下粉碎组织和细胞,通过蛋白酶 K 和 SDS 消化,破碎细胞,再用酚-氯仿去除蛋白质。

三、实验器材

恒温水浴锅　　　台式离心机　　　紫外分光光度计　　　移液枪
玻璃匀浆器　　　离心管(灭菌)　　吸头(灭菌)

四、实验试剂

1.细胞裂解缓冲液:

　　　100 mmol/L Tris (pH 8.0)

　　　500 mmol/L EDTA (pH 8.0)

　　　20 mmol/L NaCl

　　　10% SDS

　　　20 μg/ml 胰 RNA 酶

2.蛋白酶 K:称取 20 mg 蛋白酶 K 溶于 1 ml 灭菌的双蒸水中,-20 ℃储藏备用。

3. 酚-氯仿-异戊醇(25∶24∶1)。

4. 异丙醇、冷无水乙醇、70%乙醇、灭菌水。

5. TE 缓冲液(pH 8.0)配制方法如下(250 ml)：

成分	称取质量	终浓度
Tris(M_r=121.1)	0.30275 g	10 mmol/L
EDTA-Na$_2$·2H$_2$O(M_r=372.24)	0.093 g	1 mmol/L

用盐酸溶液调整 pH 值至 8.0。高压灭菌,室温储存。

6. 7.5 mol/L 乙酸铵溶液。

五、实验操作步骤

1. 取新鲜动物组织块 0.1 g(本次实验采用新鲜猪肝,由助教统一剪取、称量,放置称量纸上),放入 1.5 ml Eppendorf 管中,尽量剪碎,加入 50 μl 细胞裂解缓冲液,用匀浆棒匀浆至不见组织块,再加入 0.45 ml 细胞裂解缓冲液,混匀。(本步骤至为关键)

2. 样品管中加入蛋白酶 K(500 μg/ml)20 μl,混匀。在 65 ℃恒温水浴锅中水浴 30 min,于台式离心机中以 12000 r/min 离心 5 min。取上清液(大家统一用量为 400 μl),加入另一离心管中。

3. 加 2 倍体积异丙醇(800 μl),倒转混匀后,可以看见丝状物,用 100 μl 吸头挑出,晾干。也可离心沉淀下来,用 300 μl TE 缓冲液重新溶解。

4. 加等量的酚-氯仿-异戊醇(300 μl)振荡混匀,12000 r/min 离心 5 min。

5. 取上层溶液至另一管(图 1-2,注意不要吸取中间层),加入等体积的酚-氯仿-异戊醇(300 μl),振荡混匀,12000 r/min 离心 5 min。

6. 取上层溶液至另一管,加入 1/2 体积的 7.5 mol/L 乙酸铵(100 μl),加入 2 倍体积的无水乙醇(600 μl),混匀后室温沉淀 2 min(学生可用手机拍照),12000 r/min 离心 5 min。

7. 小心倒掉上清液,将离心管倒置于吸水纸上,将附于管壁的残余液滴除掉。

8. 用 1 ml 70%乙醇洗涤沉淀物 1 次,12000 r/min 离心 2 min。

9. 小心倒掉上清液,将离心管倒置于吸水纸上,将附于管壁的残余液滴除掉,室温干燥。

10. 加 50～200 μl(大家统一用量为 60 μl)TE 缓冲液重新溶解沉淀物,然后置于 4 ℃或－20 ℃保存备用。

11. 吸取适量样品,于紫外分光光度计上检测浓度和纯度。

12. 基因组限制性内切酶部分消化,酶切反应体系如表 1-1 所示。

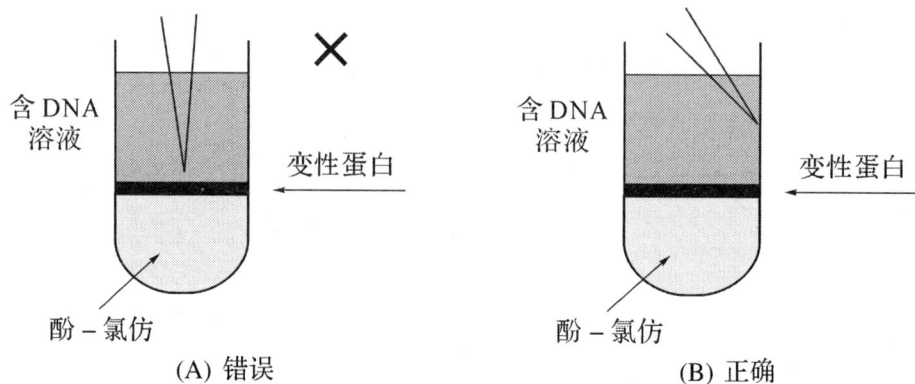

图 1-2　吸取 DNA 溶液的正确方法(B),不能竖直吸取 DNA 溶液,否则很容易吸到变性蛋白层(A)

表 1-1　酶切反应体系

成　分	用　量
Buffer(10×)	2.0 μl
EcoR I (10 U/μl)	1.0 μl
Hind III (10 U/μl)	1.0 μl
基因组	10.0 μl
H_2O	6.0 μl
总计	20.0 μl

上述反应液稍离心混匀,37 ℃酶切过夜(本次实验需 2 h)。之后凝胶电泳,紫外灯下观察消化情况。

水浴最好采用公司赠送的泡沫板,这样样品中反应体系的温度更接近水浴的温度,且温度更均匀。

13.电泳检测:

DNA 电泳 1×TAE 缓冲液的配制方法如表 1-2 所示。(先配制 50×高浓度保存液)

表 1-2　50×保存液(50×Stock Solution)

成　分	用　量
Tris	121 g
醋酸	37 ml
EDTA	18.6 g
H_2O	1.0 L

使用时 50 倍稀释。

制胶、点样、电泳流程部分照片如图 1-3、图 1-4 所示。实验具体操作流程如下：

（1）取 1 g 琼脂糖倒入锥形玻璃瓶中，加入 100 ml 1×TAE 电泳缓冲液，摇匀，在微波炉中加热至琼脂糖完全溶解，制成 1% 琼脂糖凝胶。

（2）加 1 μl EB 溶液，混匀，将溶解的琼脂糖（约 50 ℃）倒入制胶盒中，如图 1-3 所示，插入梳子，室温冷却凝固。

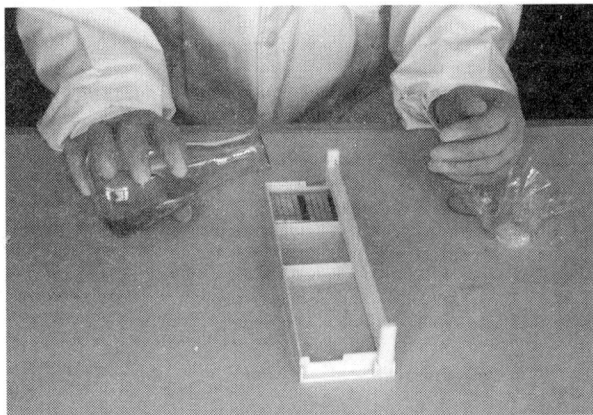

图 1-3　凝胶置入电泳槽

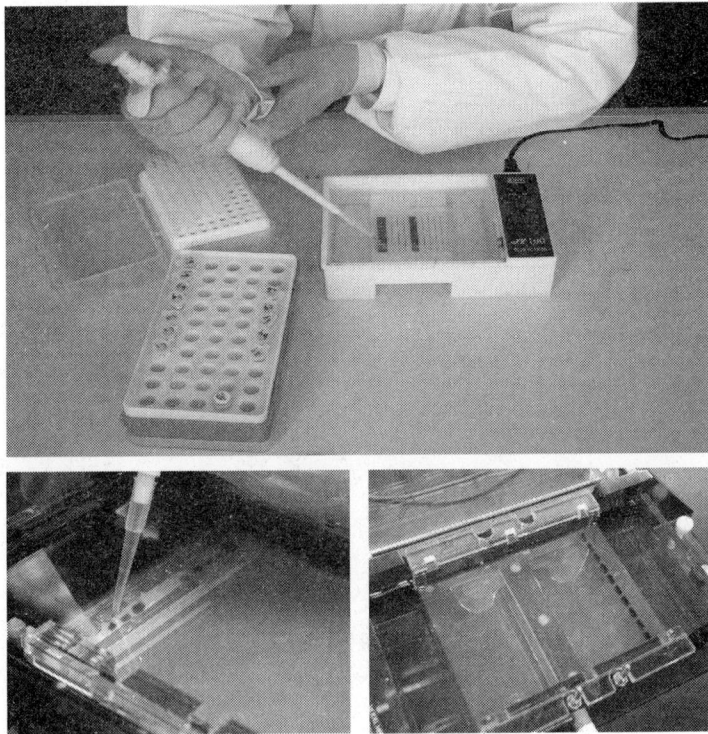

图 1-4　点样、电泳

（3）充分凝固后小心地竖直向上拔出梳子，将凝胶置入电泳槽中，加 1×TAE 电泳缓冲液至液面覆盖凝胶 1~2 mm。

（4）用移液枪吸取 2 μl 6× 电泳上样缓冲液（loading buffer）于封口膜上，分别加入 10 μl DNA 样品和消化后的样品，混匀后，小心加入点样孔（图 1-5）。（点样时注意枪头不要把胶的底部戳穿，否则样品泄漏）

（5）打开电源开关，调节电压至 3~5 V/cm，可见到溴酚蓝条带由负极向正极移动，电泳约 30~40 min（图 1-5）。

（6）将凝胶置于紫外透射检测仪上，盖上防护观察罩，打开紫外灯，可见到发出荧光的 DNA 条带。

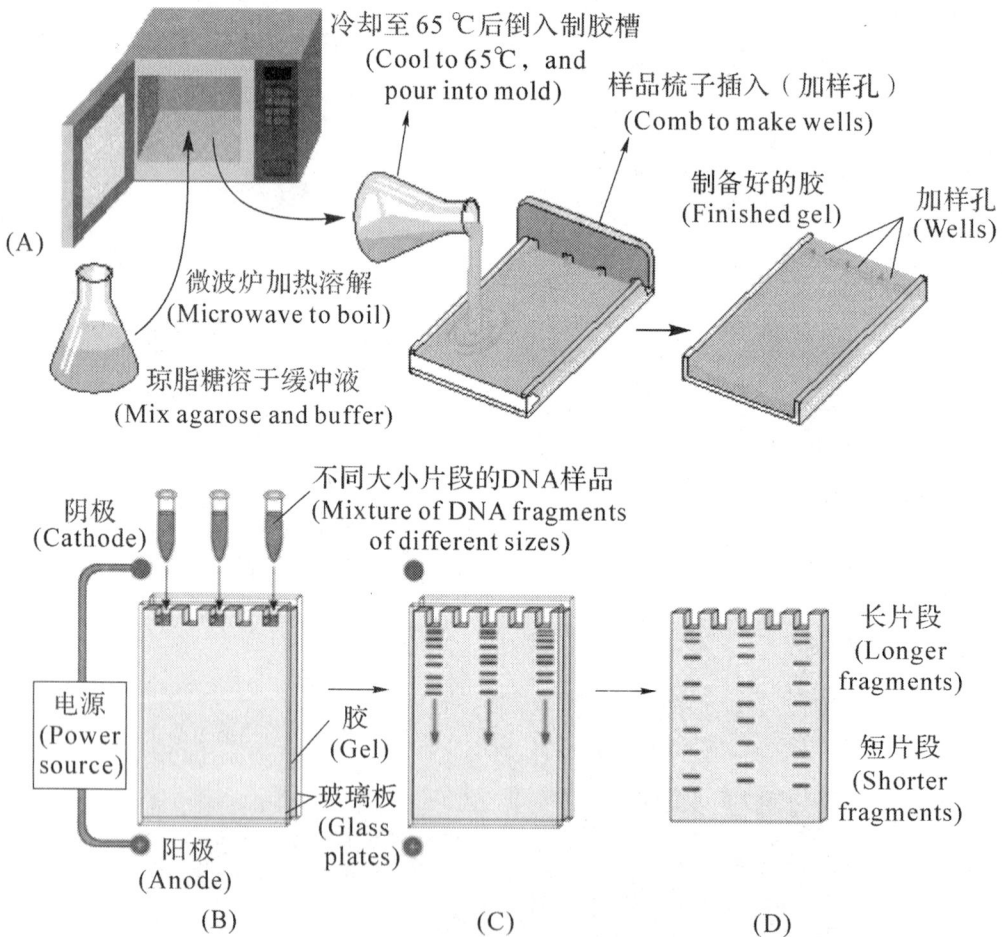

图 1-5 制胶、上样、电泳及电泳结束胶示意

六、注意事项

1. 选择的实验材料要新鲜,处理时间不宜过长。

2. 在加入细胞裂解缓冲液前,细胞必须均匀分散,以减少 DNA 团块形成。(经验:取 0.1 g 组织足够)

3. 在微波炉中加热使琼脂糖颗粒完全溶解,冷却至 45～50 ℃时倒入制胶盒中。

4. 凝胶凝固后,小心拔去梳子,注意不能破坏加样孔。

5. 将凝胶放入电泳槽中,加样孔一侧在负极,使核酸样品向正极泳动。

6. 电泳完成后切断电源,取出凝胶,放入 0.5 μg/ml 溴化乙锭(EB)溶液中染色 10～15 min(也可事先将 EB 加入胶板),用清水漂洗后置于紫外透射仪上观察电泳结果,并照相记录。

注意:胶不能在紫外灯下照射过久,否则会融化变形,建议及时拍照;肉眼直接在紫外灯下观察,有损眼睛。

七、实验结果与处理

1. 记录实验过程中所观察到的实验现象(图 1-6)。

2. 照片记录琼脂糖电泳结果,并分析自己所提取的基因组 DNA 的质和量。

DNA 含量测定和计算方法如下:

在 260 nm 和 280 nm 波长下测定 DNA 溶液光吸收值,计算 OD_{260}/OD_{280} 比值(可取 4 μl DNA 样品加入 400 μl TE 溶液,充分混匀,以 TE 溶液为对照),此值应>1.8,如果 <1.8,那么说明含较多蛋白质,需加少量蛋白酶 K 保温后,再用酚-氯仿-异戊醇抽提。(若采用微量分光光度计,测量时切勿混入气泡)

由于 1 OD_{260} DNA 为 50 μg/ml,所以 DNA(μg/ml)=OD_{260}×50×稀释倍数。

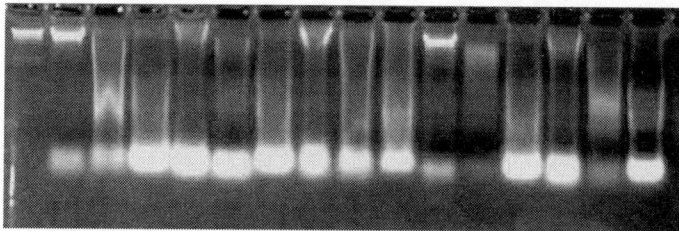

图 1-6 实验结果示意

八、常见问题分析

1.若提取的 DNA 不易溶解,则说明不纯,含杂质较多;若加溶解液太少将使浓度过大。沉淀物太干燥,也将使溶解变得很困难。

2.电泳检测时 DNA 成涂布状:操作不慎;污染核酸酶等。

3.若分光光度分析得 DNA 的 A_{260}/A_{280} 小于 1.8,则说明 DNA 不纯,含有蛋白质等杂质。在这种情况下,应加入 SDS 至终浓度为 0.5%,并重复步骤 2~8。

4.用酚-氯仿-异戊醇抽提后,其上清液太黏不易吸取:含高浓度的 DNA,可加大抽提前缓冲液的量或减少所取组织的量。

九、辅助学习网站

DNA extraction from tissue protocol

https://www.thermofisher.com/cn/zh/home/life-science/dna-rna-purification-analysis/dna-extraction/genomic-dna-extraction/tissue-dna-extraction.html

学习心得:_____

_____

_____

二维码 1

_____

DNA extraction from tissue video

http://www.jove.com/video/2763/dna-extraction-from-paraffin-embedded-material-for-genetic-epigenetic

学习心得:_____

_____

二维码 2

_____

_____

实验二 动物组织总 RNA 抽提与定量

一、实验目的

1. 学习总 RNA 分离的原理。
2. 掌握用 Trizol 法提取总 RNA 的方法。

二、实验原理

Trizol 是一种新型总 RNA 抽提试剂,能够直接从细胞或组织中提取总 RNA。Trizol 内含异硫氰酸胍等物质,能迅速破碎细胞,抑制细胞释放出的核酸酶。Trizol 的主要成分是酚,主要作用是裂解细胞,使细胞中的核酸物质解聚而得到释放。酚虽可有效地变性蛋白质,但是它不能完全抑制 RNA 酶活性,因此 Trizol 中还加入了 8-羟基喹啉、异硫氰酸胍、β-巯基乙醇等来抑制内源和外源 RNase。

Trizol 在破碎和溶解细胞时能保持 RNA 的完整性。加入氯仿离心后,样品分成水样层和有机层。RNA 存在于水样层中。收集上面的水样层后,RNA 可以通过异丙醇沉淀来获得。在除去水样层后,样品中的 DNA 和蛋白质也能相继以沉淀的方式获得。乙醇沉淀能析出中间层的 DNA,在有机层中加入异丙醇能沉淀出蛋白质。

下面简介与 RNA 相关的基础知识:

哺乳动物细胞 RNA 组成见表 2-1。

表 2-1 哺乳动物细胞 RNA 组成

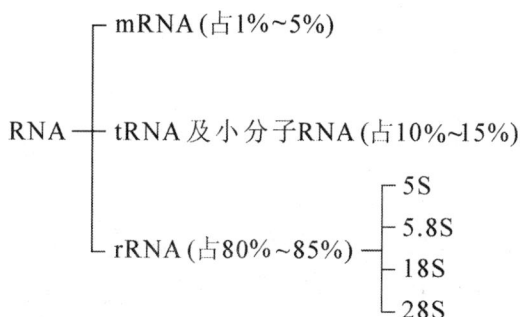

```
              ┌─ mRNA(占1%~5%)
              │
RNA ──────────┼─ tRNA 及小分子RNA(占10%~15%)
              │                        ┌─ 5S
              │                        ├─ 5.8S
              └─ rRNA(占80%~85%) ──────┼─ 18S
                                       └─ 28S
```

在大肠杆菌中,rRNA量占细胞总RNA量的75%～85%,而tRNA占15%,mRNA仅占3%～5%。

真核生物有4种rRNA,分别是5S、5.8S、18S和28S,分别具有大约120、160、1900和4700个核苷酸。电泳时,常见5.8S、18S和28S三条带,而5S易分解(图2-1)。

提取的总RNA(以哺乳动物细胞总RNA为例),在普通琼脂糖凝胶上电泳,可清晰显示4个条带,分别为hnRNA和mRNA条带(相对分子质量约相当于7～15 kb的线性DNA)、28S rRNA(相对分子质量约相当于5 kb的线性DNA)、18S rRNA(相对分子质量约相当于2 kb的线性DNA)、5S rRNA和tRNA(相对分子质量约相当于0.1～0.3 kb的线性DNA)。

电泳原理:RNA电泳可以在变性及非变性两种条件下进行。非变性电泳使用1.0%～1.4%的凝胶,不同的RNA条带也能分开,但无法判断其相对分子质量。只有在完全变性的条件下,RNA的泳动率才与相对分子质量的对数呈线性关系。因此要测定RNA相对分子质量时,一定要用变性凝胶。在需快速检测所提总RNA样品完整性时,配制普通的1%琼脂糖凝胶即可。

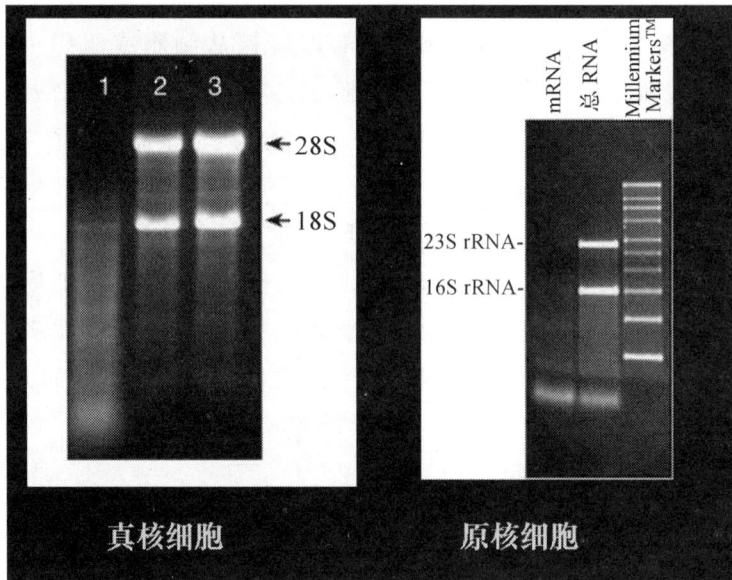

图2-1 RNA组成成分

三、实验器材

水平电泳装置　　电泳仪　　微波炉　　紫外透射仪

微量移液枪　　一次性手套　　离心管　　离心管架

Tip 头	高压灭菌锅	恒温摇床	台式冷冻高速离心机
研钵	液氨罐	医用剪刀	吸水纸
分光光度计等			

四、实验试剂

Trizol	DEPC(焦碳酸二乙酯)	氯仿	异丙醇
无水乙醇	75%乙醇	TE 缓冲液	TBE 电泳缓冲液(5×)
EB	上样缓冲液	琼脂糖等	

MOPS 电泳缓冲液[3-(N-吗啉基)丙磺酸]

五、实验操作步骤

1.组织匀浆化:称取动物肝脏 50～100 mg(由助教统一剪取、称量 0.1 g,放置称量纸上),先用医用剪刀将其剪碎,转移至 Eppendorf 管,管中加入 100 μl Trizol,用简易 Eppendorf 管匀浆器尽量捣碎组织样品。随后再加入 900 μl Trizol,充分混匀。(每 50～100 mg 组织加1 ml Trizol。匀浆化时组织样品体积不能超过 Trizol 体积的 10%)

2.分离阶段:将匀浆样品在 15～30 ℃条件下孵育 5 min,以使核蛋白体完全分解。每 1 ml Trizol 加 0.2 ml 氯仿。盖紧样品管盖,用手用力剧烈摇晃试管 15 s 并将其在 30 ℃下孵育 2～3 min。在 4 ℃以不超过 12000 r/min 的离心力高速冷冻离心 10～15 min。离心后混合物分成三层:下层红色的苯酚-氯仿层,中间层,上层无色的水样层。RNA 无一例外地存在于水样层中。水样层的体量大约为所加 Trizol 体量的 60%。

3.RNA 的沉淀:将水样层转移到新管中,如果希望分离 DNA 和蛋白质,有机层要予以保留。通过将水样层和异丙醇混合来沉淀 RNA。最初 1 ml Trizol 对应 0.5 ml 异丙醇的加入量。将混合的样品在 15～30 ℃条件下孵育 10 min,并在 4 ℃用 12000 r/min 的离心力高速冷冻离心 10 min。RNA 沉淀在离心前通常不可见,离心后形成一胶状、片状沉淀,附着于试管壁和管底。

4.RNA 的洗脱:移去上层悬液。用 75%乙醇洗涤 RNA 沉淀一次,每 1 ml Trizol 至少加 1 ml 75%乙醇。振荡混合样品并在 4 ℃下以不超过 7500 r/min 的离心力离心 5 min,弃上清。

5.RNA 的再溶解:干燥 RNA 沉淀(空气干燥)。不能让 RNA 沉淀完全干燥,否则会极大地降低它的可溶性。用 50 μl 无 RNA 酶的水(DEPC 水)或 0.5% SDS 溶液来溶解 RNA,可在 55～60 ℃下孵育 10 min。

6.RNA 的分析和定量:测定样品在 260 nm 和 280 nm 处的吸收值,确定 RNA 的质量。按 1 OD＝40 μg RNA 计算 RNA 浓度。

吸取 4 μl RNA 样品溶液,加入到 400 μl DEPC 水中,充分混匀,测定在 260 nm 和 280 nm 处的 OD 值。然后计算 RNA 的浓度,并分析其纯度。(以 400 μl DEPC 水为对照)

$$RNA\ 浓度(\mu g/ml)＝OD_{260}\times40\times稀释倍数$$

OD_{260}/OD_{280} 在 1.8～2.0 视为抽提的 RNA 纯度很高。如需精确化,只有浓度在 40 μg/ml 以上的样品适于用光度计测定。

RNA 样品 OD_{260}/OD_{280} 的比值太小,说明有蛋白或苯酚污染。若 OD_{260}/OD_{280} 比值大于 2.0,则可能被异硫氰酸胍污染。

7. 甲醛变性琼脂糖凝胶电泳分析总 RNA。

(1)配制 1.2% 变性琼脂糖凝胶(40 ml):称取 0.48 g 琼脂糖,加入 25.2 ml DEPC 水、4 ml 5×电泳缓冲液,加热使之溶解,稍冷却后加入 3.4 ml 甲醛,混匀,让其在室温下凝固 0.5～1 h。

(2)RNA 电泳检测样品制备:

RNA	2 μl
甲醛	2.5 μl
甲酰胺	7.5 μl
10×MOPS	2 μl
RNA 上样缓冲液	2 μl
灭菌 DEPC 水	4 μl

混合液轻轻混匀并离心,放于 65 ℃下温育 5 min 后,置于冰上。

(3)将上述样品加入加样孔中,电泳(130 V,100 mA)50 min。可用已知大小的 RNA 作为相对分子质量标准参照物。

(4)电泳结束,将胶置于紫外灯下照相。

为什么要变性胶电泳?这是因为 RNA 分子的二、三级结构可以影响其电泳结果,所以电泳时应在变性剂存在下进行,常用的变性剂为甲醛和戊二醛。

附　每位同学电泳样品

①10 μl DNA＋2 μl loading buffer (6×)

②DNA 酶解后(20 μl)＋4 μl loading buffer

③10 μl RNA＋2 μl loading buffer

Lane	1	2	3	4	5	6	7	8	9
Marker	1	2	3	1	2	3	1	2	3

六、结果与分析

1. 比较 DNA 和 RNA 提取方法，掌握其原理。

2. 分析提取的 RNA 的产量和纯度。

七、辅助学习网站

RNA extraction from tissue protocol

http://www. scripps. edu/california/research/dna-array/pdfs/RNA％ 20Extraction ％20Protocol. pdf

学习心得：_____

_____

_____

二维码 3

_____

_____

RNA extraction from tissue video

http://www. dnatube. com/video/4310/RNA-Extraction-from-Tissue

学习心得：_____

_____

二维码 4

_____

_____

_____

实验三　聚合酶链式反应(PCR)
体外扩增(克隆)DNA 片段

一、实验目的

1.掌握 PCR 的原理。

2.学会使用 PCR 仪。

3.能利用已知序列设计引物进行一般的 PCR 实验,克隆一个基因或一段 DNA 序列。

二、实验原理

类似于 DNA 的变性和复性过程,即在高温(93～95 ℃)下,待扩增的靶 DNA 双链受热变性成为两条单链 DNA 模板;

而后在低温(37～65 ℃)情况下,两条人工合成的寡核苷酸引物与互补的单链 DNA 模板结合,形成部分双链;

在 *Taq* 酶的最适温度(72 ℃)下,以引物 $3'$ 端为合成的起点,以单核苷酸为原料,沿模板以 $5'→3'$ 方向延伸,合成 DNA 新链。

聚合酶链式反应(polymerase chain reaction,PCR)是一种对特定的 DNA 片段在体外进行快速扩增的方法。

1985 年,Kary Mullis 及同事创立了 PCR 技术,随后借助于热稳定性 *Taq* DNA 聚合酶的发现,使 PCR 自动化成为可能;1987 年,Kary Mullis 等完成了自动化操作装置,使 PCR 技术进入实用阶段。Kary Mullis 因发明了"聚合酶链式反应"而获得 1993 年度诺贝尔化学奖。

(一)PCR 技术的原理

(1)变性(denature):在加热或碱性条件下可使 DNA 双螺旋的氢键断裂,形成单链 DNA。

（2）退火（annealing）：使模板与引物复性。引物是与模板某区序列互补的一小段DNA片段。

（3）延伸（extension）：以结合在特定DNA模板上的引物为出发点，四种脱氧核苷酸以碱基配对形式按5′→3′的方向沿着模板顺序合成新的DNA链。

PCR的每一个温度循环周期都是由DNA变性、引物退火和反应延伸三个步骤完成的。图3-1中设定的反应参数是：94 ℃变性1 min，55～60 ℃退火1 min，72 ℃延伸

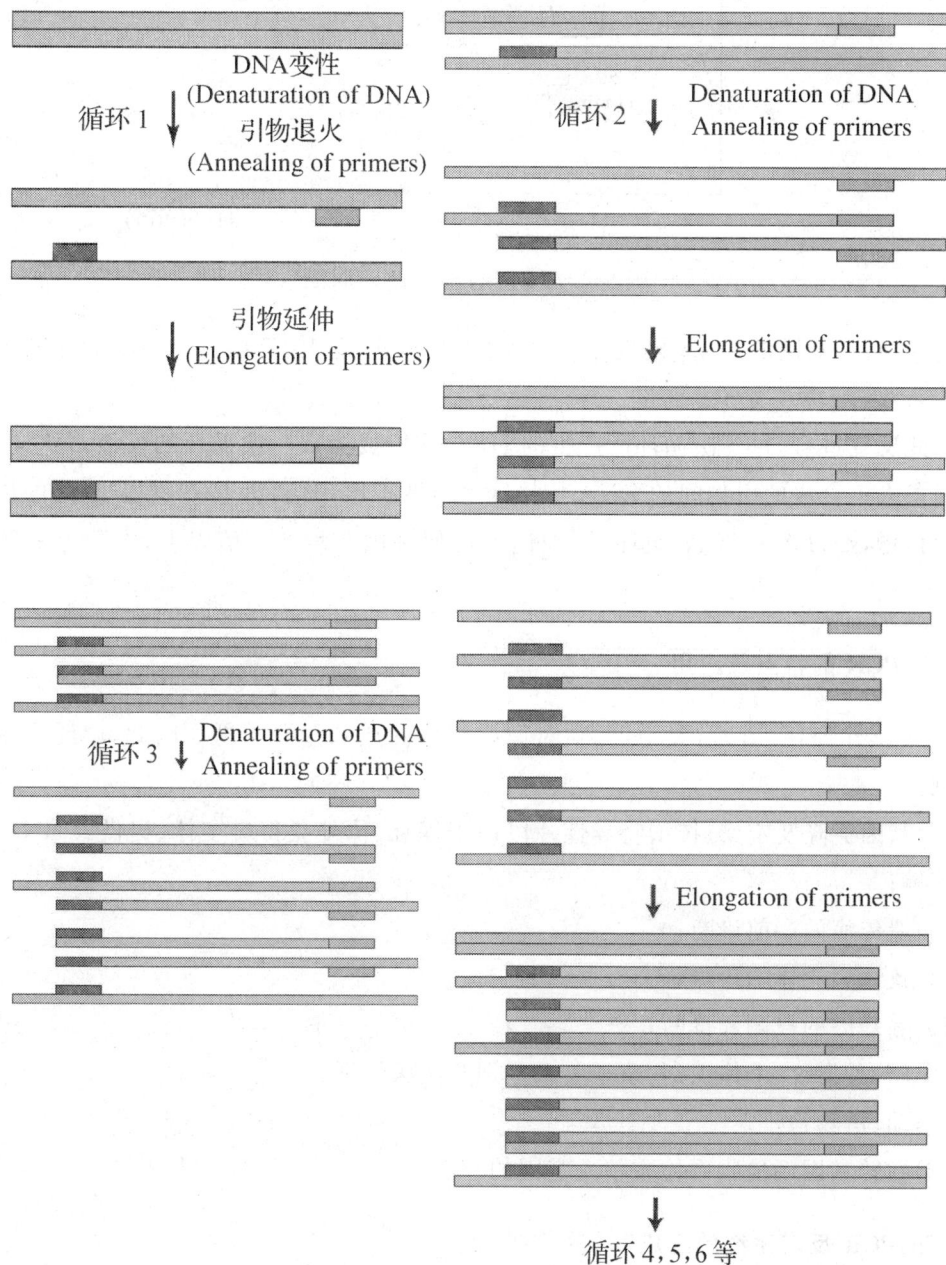

图 3-1　PCR 原理示意图

1.5 min(根据克隆的基因大小决定)。如此周而复始,重复进行,直至扩增产物的数量满足实验需求为止(图 3-2)。

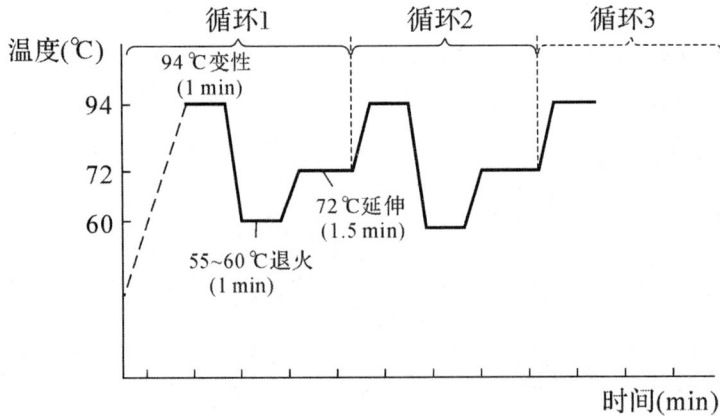

图 3-2　PCR 的温度循环周期

这样,每一双链的 DNA 模板,经过一次变性解链、退火、延伸三个步骤的热循环后就成了两条双链 DNA 分子。

如此反复进行,每一次循环所产生的 DNA 均能成为下一次循环的模板,每一次循环都使两条人工合成的引物间的 DNA 特异区拷贝数扩增一倍,PCR 产物得以 2^n 的指数形式迅速扩增,经过 25～30 个循环后,理论上可使基因扩增 10^9 倍以上,实际上一般可达 $10^6 \sim 10^7$ 倍。

(二)PCR 的特点及应用

PCR 操作简便、省时,灵敏度高,对原始材料的质和量要求低。因此,广泛应用于以下领域:

(1)基因克隆及定量、扩增特异性片段用于探针、体外获得突变体、提供大量 DNA 用于测序等;

(3)遗传病的产前诊断;

(4)致病病原体的检测;

(5)癌基因的检测和诊断;

(6)DNA 指纹、个体识别、亲子关系鉴别及法医物证;

(7)动、植物检疫;

(8)在转基因动植物中检查植入基因的存在。

(三)PCR 反应系统的组成

PCR 反应系统的组成主要包括:

(1) 模板 DNA;

(2) 引物;

(3) 寡核苷酸;

(4) *Taq* DNA 聚合酶;

(5) 缓冲液。

1. 引物(primer)

要扩增模板 DNA,首先要设计两条寡核苷酸引物,这实际上就是两段与待扩增靶 DNA 序列互补的寡核苷酸片段(图 3-3)。两引物间距离决定扩增片段的长度,两引物的 5′端决定扩增产物的两个 5′末端位置。由于引物是决定 PCR 扩增片段长度、位置和结果的关键,所以引物设计也就更为重要。

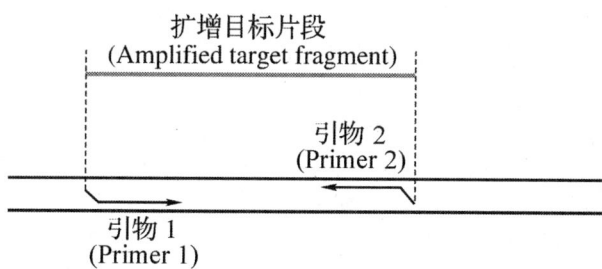

图 3-3　PCR 引物设计原理

(1)引物的设计:

1)长度一般最低不少于 16 个核苷酸,最佳长度为 20~24 个核苷酸。有时可在 5′端添加不与模板互补的序列,如限制性酶切位点等,以完成基因克隆和其他特殊需要,但要在酶切位点的 5′端加上额外的核苷酸,以确保附加的酶切位点有效。

2)两个引物之间不应发生互补,特别是在引物 3′端,即使无法避免,其 3′端互补碱基也不应大于 2 个碱基,否则易生成"引物二聚体"或"引物二倍体"(primer dimer)。

3)引物的组成应均匀,两个引物中(G+C)%含量应尽量相似。

4)引物内部应避免形成明显的次级结构,尤其是发夹结构(hairpin structures)。

(2)引物在 PCR 反应中的浓度:一般为 0.1~1 μmol/L。浓度过高易形成引物二聚体且产生非特异性产物。一般来说,低浓度引物经济、特异,但浓度过低,不足以完成 30 个循环的扩增反应,则会降低 PCR 的产率。

(3)引物退火温度:决定 PCR 特异性与产量。温度高,特异性强,但若温度过高则引物不能与模板牢固结合,DNA 扩增效率下降;温度低,产量高,但若温度过低可造成引物与模板错配,非特异性产物增加。

一般可根据引物的(G+C)%含量进行推测,实验中退火温度(T_a)可按以下公式进行粗略计算:

$$T_a = T_m - 5\ ℃ = 4(G+C) + 2(A+T) - 5\ ℃$$

其中 A,T,G,C 分别表示相应碱基的个数；T_m 为解链温度；T_a 为退火温度。在典型的引物浓度时(如 0.2 μmol/L)，退火反应数秒即可完成。

(4)引物延伸温度：温度的选择取决于 DNA 聚合酶的最适温度。一般取 70～75 ℃，在 72 ℃时酶催化核苷酸的标准速率可达 35～100 个核苷酸/s。对于 1 kb 以上的 DNA 片段，可根据片段长度将延伸时间控制在 1～7 min。

2. 寡核苷酸(dNTP)

在 PCR 反应体系中，dNTP 终浓度高于 50 mmol/L 会抑制 Taq 酶的活性。使用低浓度 dNTP 可以减少在非靶位置启动和延伸时核苷酸的错误掺入，高浓度 dNTPs 易产生错误掺入，而浓度太低，势必降低反应物的产量。PCR 常用的 dNTP 浓度为 50～200 μmol/L，不能低于 10～15 μmol/L。四种 dNTP 的浓度应相同，其中任何一种浓度偏高或偏低，都会诱导聚合酶的错误掺入作用，降低合成速度，过早终止反应。

3. Taq DNA 聚合酶

Taq DNA 聚合酶最早是从嗜热水生菌中提纯出来的。PCR 反应混合物中，催化一典型的 PCR 所用酶量为 2 U，常用范围为 1～4 U/100 μl。由于 DNA 模板和引物的不同，以及其他条件的差异，聚合酶的用量亦有差异，酶量过多会导致非特异产物的增加。Taq DNA 聚合酶有 5′→3′外切酶活性，但无 3′→5′外切核酸酶校正活性，无法校正 DNA 合成过程中产生的错配。

4. 模板

单、双链 DNA 或 RNA 都可以作为 PCR 的样品。若起始材料是 RNA，则须先通过逆转录得到第一条 cDNA。在用质粒作模板时，线性化的比环状的效果好，但在实际操作中，往往不需要将质粒线性化，而直接用作模板。当使用高相对分子质量的 DNA(如基因组 DNA)作模板时，如果用适当的酶先进行消化再作为模板，扩增效果会更好。

对于模板的用量来说，虽然 PCR 可以仅用极微量的样品，甚至是来自单一细胞的 DNA，但为了保证反应的特异性，还应使用纳克(ng)级的 DNA。

模板变性温度是决定 PCR 反应中双链 DNA 解链的温度，达不到变性温度就不会产生单链 DNA 模板，PCR 也就不会启动。变性温度低则变性不完全，DNA 双链会很快复性，因而减少产量。一般变性温度取 90～95 ℃。样品一旦达到此温度宜迅速冷却到退火温度。DNA 变性不需要时间过久，在高温时间应尽量缩短，以保持 DNA 聚合酶的活力，加入 Taq DNA 聚合酶后最高变性温度不宜超过 95 ℃。

5. PCR 缓冲液

用于 PCR 的标准缓冲液为 10～50 mmol/L Tris·HCl 缓冲液(pH 8.3)和 1.5 mmol/L $MgCl_2$ 溶液。在 72 ℃时，反应体系的 pH 值将下降 1 个单位，接近于 7.2。二价阳离子的存在至关重要，决定 PCR 的特异性和产量。实验表明，Mg^{2+} 优于 Mn^{2+}，而

Ca^{2+} 无任何作用。Mg^{2+} 过量易生成非特异性扩增产物,Mg^{2+} 不足易使产量降低。首次使靶序列和引物结合时,都要把 Mg^{2+} 浓度调到最佳,其浓度变化范围为 $1\sim10$ mmol/L。

6.PCR 循环次数

常规 PCR 循环次数一般为 $25\sim40$ 个周期。一般情况是循环次数过多,非特异性背景严重,复杂度增加。当然,若循环反应的次数太少,则得率偏低。所以,在保证产物得率的前提下,应尽量减少循环次数。

三、实验器材

PCR 仪　　移液枪

四、实验试剂

克隆基因为加强型绿色荧光蛋白基因(enhanced green fluorescent protein,EGFP)。

绿色荧光蛋白(图 3-4)最早是由下村修等人于 1962 年在一种学名为 *Aequorea victoria* 的水母中发现的。其基因所产生的蛋白质,在蓝色波长范围的光线激发下,会发出绿色萤光(图 3-5)。这个发光的过程中还需要冷光蛋白质 Aequorin 的帮助,且这个冷光蛋白质与钙离子(Ca^{2+})可产生交互作用。

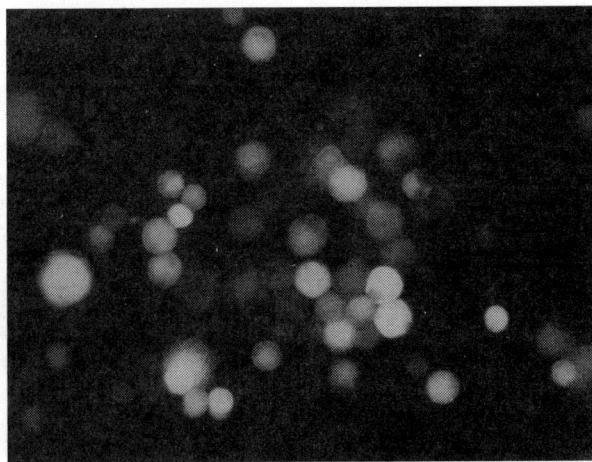

图 3-4　绿色荧光蛋白

由水母中发现的野生型绿色荧光蛋白,395 nm 和 475 nm 分别是最大和次大的激发波长,它的发射波长的峰点是在 509 nm,在可见光绿光的波长范围内是较弱的位置。

在细胞生物学与分子生物学领域中,绿色荧光蛋白基因常被用作一个报告基因(reporter gene)。绿色荧光蛋白作为报告基因应用于转基因小鼠研究实例如图 3-6 所示。

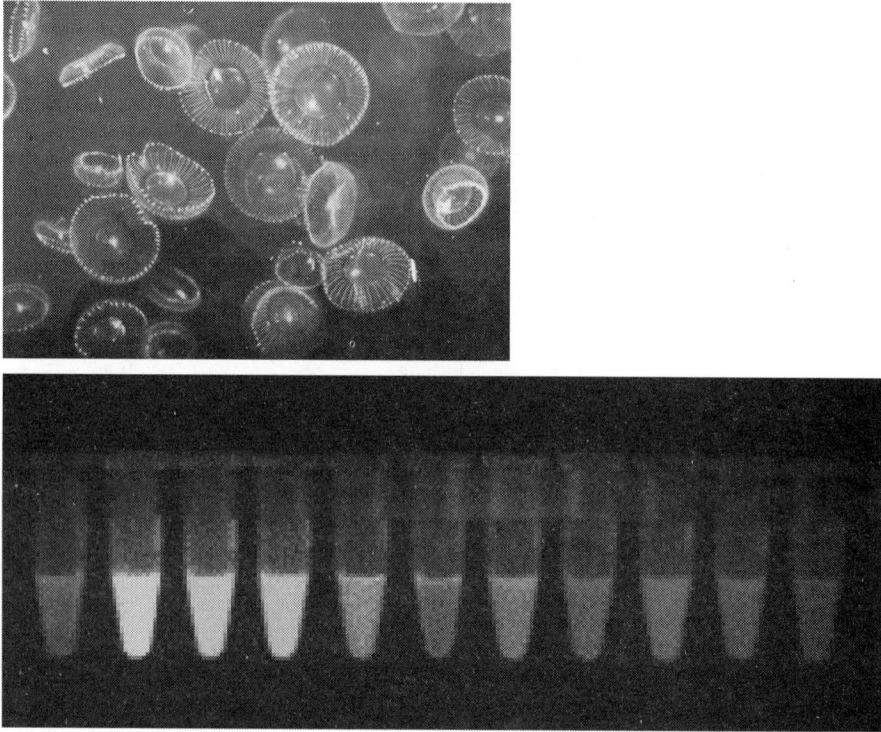

图 3-5　绿色荧光蛋白来自水母(上)及改造后发出不同颜色的光(下)

一些经修饰过的形式可作为生物探针,用来印证某种假设的实验方法。

可见光 (Visible rays)　　　紫外光 (Ultraviolet rays)

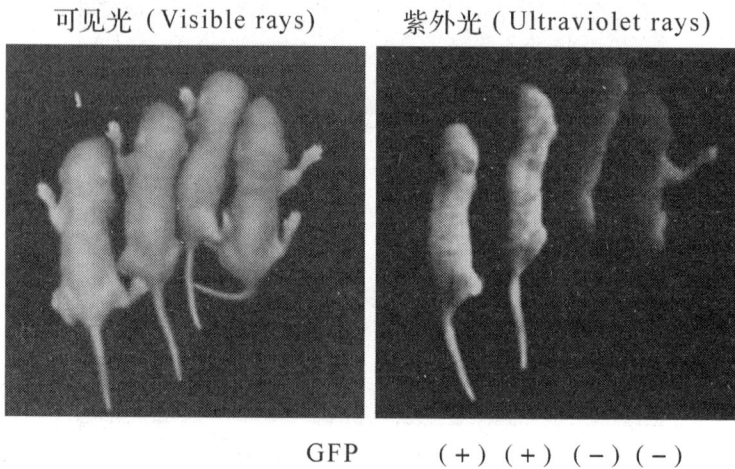

GFP　　　(＋)(＋)(－)(－)

图 3-6　绿色荧光蛋白作为报告基因应用于转基因小鼠研究

2008 年 10 月 8 日,日本科学家下村修(伍兹霍尔海洋生物学研究所)、美国科学家马丁·查尔菲(哥伦比亚大学)和钱永健(加利福尼亚大学圣迭戈分校)因为发现和改造绿色荧光蛋白而获得了诺贝尔化学奖。

GFP 基因序列如下：

ATGGTGAGCAAGGGCGAGGAGCTGTTCACCGGGGTGGTGCCCATCCTGGTC
GAGCTGGACGGCGACGTAAACGGCCACAAGTTCAGCGTGTCCGGCGAGGGCGA
GGGCGATGCCACCTACGGCAAGCTGACCCTGAAGTTCATCTGCACCACCGGCA
AGCTGCCCGTGCCCTGGCCCACCCTCGTGACCACCCTGACCTACGGCGTGCAG
TGCTTCAGCCGCTACCCCGACCACATGAAGCAGCACGACTTCTTCAAGTCCGCC
ATGCCCGAAGGCTACGTCCAGGAGCGCACCATCTTCTTCAAGGACGACGGCAA
CTACAAGACCCGCGCCGAGGTGAAGTTCGAGGGCGACACCCTGGTGAACCGCA
TCGAGCTGAAGGGCATCGACTTCAAGGAGGACGGCAACATCCTGGGGCACAAG
CTGGAGTACAACTACAACAGCCACAACGTCTATATCATGGCCGACAAGCAGAA
GAACGGCATCAAGGTGAACTTCAAGATCCGCCACAACATCGAGGACGGCAGCG
TGCAGCTCGCCGACCACTACCAGCAGAACACCCCCATCGGCGACGGCCCCGTGC
TGCTGCCCGACAACCACTACCTGAGCACCCAGTCCGCCCTGAGCAAAGACCCCA
ACGAGAAGCGCGATCACATGGTCCTGCTGGAGTTCGTGACCGCCGCCGGGATC
ACTCTCGGCATGGACGAGCTGTACAAG**TAA**

2. 基因大小为 720 bp，编码 239 个氨基酸。

3. PCR 克隆 EGFP 的引物设计

EGFP-Forward (primer 1)：AAT<u>GGATCC</u>ATGGTGAGCAAGGGC (*Bam*H I)

EGFP-Bacward (primer 2)：TAA<u>AGCTT</u>TTACTTGTACAGCTC (*Hind* III)

4. PCR 反应混合物组成如表 3-1 所示。

表 3-1 PCR 反应混合物的组成

成 分	用 量
template DNA	1 μl(10 ng)
primer 1	1 μl(10 mmol)
primer 2	1 μl(10 mmol)
dNTPs	2 μl(10 mmol)
Taq DNA 聚合酶	0.5 μl(5 U/L)
10×buffer	2.5 μl
ddH$_2$O	17 μl
总量	25 μl

五、实验操作步骤

1. 根据指导教师课件提示，按照 PCR 反应要求，将各种材料加入 1.5 ml Eppendorf 管内，混匀，3000 r/min 离心。

2. 转入 PCR 专用小管（注意必须加至底部）。

3. 根据 PCR 反应条件，设置 PCR 反应各个步骤的运行参数。

4. 将 PCR 专用小管插入 PCR 仪内的小孔，盖上盖子。

5. 开始 PCR 反应（需要 1.5～2 h），期间请观察仪器运行参数情况。

将 PCR 反应体系加好、混匀后，按照下面步骤设置 PCR 仪运行参数，开始基因的体外扩增。

94 ℃变性 3 min 后开始以下循环：

- 94 ℃变性反应 30 s；
- 56 ℃退火反应 30 s；
- 72 ℃延伸反应 40 s；

进行 30 个循环；

最后 72 ℃反应 7 min；

4 ℃冷却恒定。

6. 反应结束后，取出小管内反应液，并转移至 1.5 ml Eppendorf 管内。随后加入 2.5 倍体积无水乙醇，放置冰上 10 min。

7. 12000 r/min 离心 5 min。

8. 弃上清液。用 200 μl 70% 乙醇洗涤沉淀物 1 次，12000 r/min 离心 3 min。

9. 弃上清液。将沉淀在室温下或置通风柜中干燥。

10. 加入 30 μl ddH$_2$O 溶解。

11. 取 5 μl 样品，电泳，鉴定结果。（5 μl 样品＋1 μl loading buffer 混匀）

六、注意事项

1. 在加 PCR 反应体系时，由于涉及试剂较多，容易出现漏加、多加现象，须认真操作，多加注意。建议在纸上写好添加的试剂，每加完一种试剂后在相应试剂后面打钩，以防多加或漏加。

2. 加完反应体系后，应在离心机中稍微离心一下，使所加试剂混匀后再放到 PCR 仪中反应。

七、实验结果

取 5 μl PCR 产物(5 μl 样品＋1 μl loading buffer 混匀),采用 1.0％琼脂糖凝胶电泳分析 PCR 产物的量、引物扩增的特异性。

PCR 典型结果如图 3-7 所示。

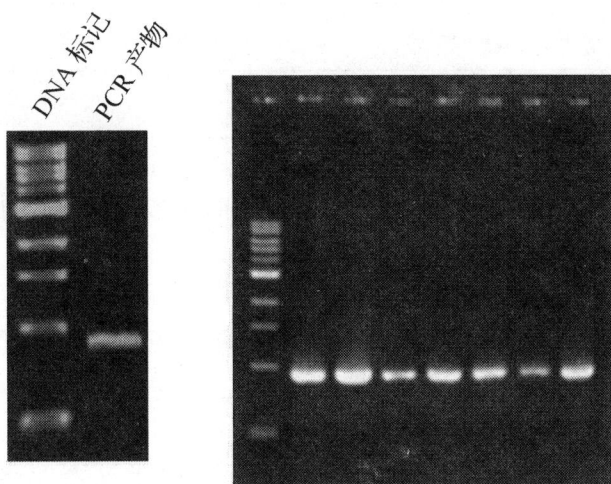

图 3-7　PCR 实验结果

八、思考题

1. PCR 的工作原理是什么?
2. 如果让你来设计一段已知 DNA 序列的上下游引物,应该注意哪些方面?

九、辅助学习网站

Polymerase Chain Reaction（PCR）protocol

https://www.idtdna.com/pages/docs/educational-resources/a-basic-pcr-protocol.pdf?sfvrsn＝5

学习心得：_____

_____

_____

二维码 5

http：//labs. mcdb. lsa. umich. edu/labs/maddock/protocols/PCR/general_pcr_protocol.
html

学习心得：_____

_____

_____

二维码 6

_____

http：//www. sigmaaldrich. com/technical-documents/protocols/biology/standard-pcr.
html

学习心得：_____

_____

_____

二维码 7

_____

Polymerase Chain Reaction（PCR）video

http：//www. dnatube. com/video/995/PCR—polymerase-chain-reaction

学习心得：_____

_____

_____

二维码 8

_____

Polymerase Chain Reaction（PCR）-Animation

http：//highered. mheducation. com/sites/0072556781/student_view0/chapter14/
animation_quiz_6. html

学习心得：_____

_____

_____

_____

_____

二维码 9

https：//www. thermofisher. com/cn/zh/home/life-science/pcr/elevate-pcr-research/pcr-
video-library/pcr-animation. html

学习心得：_____

_____

_____

_____

_____

二维码 10

http：//www. sumanasinc. com/webcontent/animations/content/pcr. html

学习心得：_____

_____

_____

_____

二维码 11

实验四　DNA 酶切、片段回收、 DNA 连接和转化(DNA 重组)

一、实验目的

1. 学习限制性内切酶的特性;掌握酶解的操作方法。

2. 学习 DNA 纯化的原理和方法;掌握利用试剂盒从凝胶中回收 DNA。

3. 了解质粒(以 pUC18 为例)的基本概念。

4. 掌握 DNA 连接的原理。

5. 学会基本的酶切、连接方法(体外 DNA 重组技术)。

6. 掌握蓝白斑筛选原理和方法。

二、实验原理

1. 关于 DNA 片段的纯化

DNA 纯化的主要目的是回收得到纯的目的 DNA 片段,去除影响 DNA 连接酶活性的物质以及其他的 DNA 片段。

纯化 DNA 片段的方法有多种,如电洗脱法、从低熔点或普通琼脂糖凝胶中回收、玻璃珠纯化、柱层析以及硅胶吸附等。目前,一些生物公司推出了直接从 PCR 产物中或琼脂糖凝胶中回收 DNA 片段的试剂盒(图 4-1),有效地加快了 DNA 的纯化速度。

2. DNA 连接和转化(目的基因克隆入质粒载体)

质粒具有稳定可靠和操作简便的优点,如果要克隆较小的 DNA 片段(<10 kb)且结构简单,质粒要比其他任何载体都要好。在质粒载体上进行克隆,从原理上来说很简单,分别用限制性内切酶切割质粒 DNA 和目的 DNA 片段,然后体外使两者相连接,再用所得到的重组质粒转化细菌,即可完成。

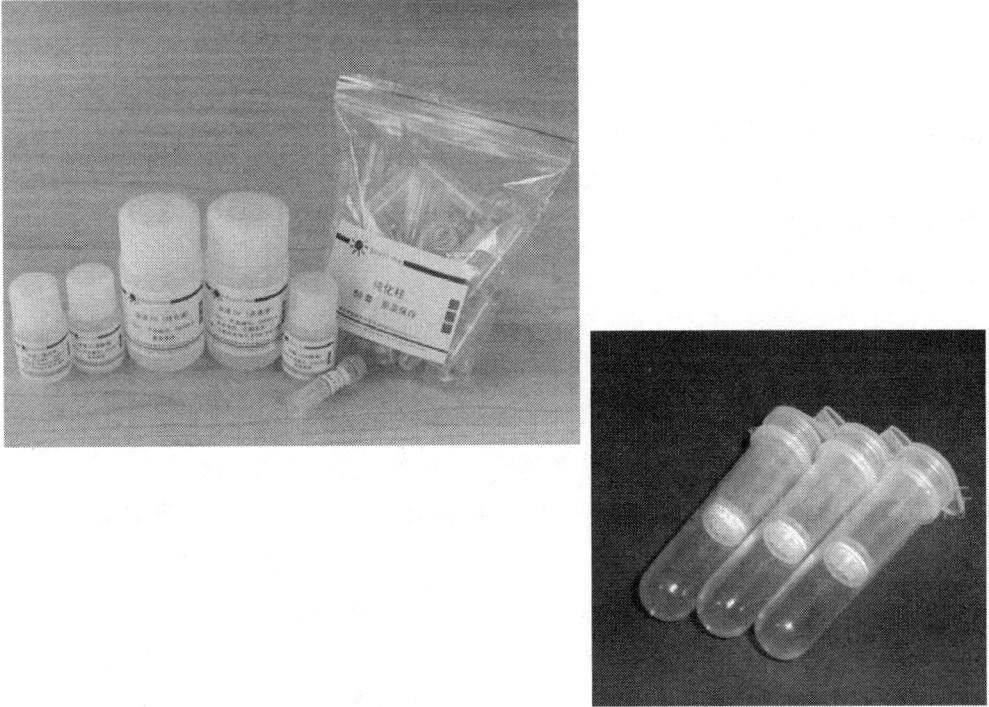

图 4-1　割胶回收试剂盒

三、实验器材

恒温水浴锅　　　移液枪　　　离心机　　　恒温仪(DNA 连接用)
超净工作台　　　涂布玻璃棒

四、实验试剂

ddH$_2$O　　　　　　10×Buffer　　　　质粒(vector pUC18)　　*Bam*H Ⅰ
Hind Ⅲ　　　　　DNA 回收试剂盒　　DNA 连接酶　　　　一次性塑料培养皿
感受态细胞 DH5α　X-Gal　　　　　　IPTG　　　　　　　　SOC 培养基
LB 琼脂平板

五、SOC 培养基配制

1.加入组分与浓度:2%(w/v) tryptone ,0.5%(w/v) yeast extract ,0.05%(w/v)
NaCl,2.5 mmol/L KCl, 10 mmol/L MgCl$_2$,20 mmol/L glucose。

2．配制量：100 ml。

3．配制方法：

（1）配制 1 mol/L glucose 溶液：将 18 g glucose 溶解在 90 ml 的去离子水中，定容至 100 ml，用 0.22 μm 滤膜过滤除菌；

（2）向 100 ml SOB 培养基中加入除菌的 1 mol/L glucose 溶液 2 ml，均匀混合；

（3）调节 pH 值为 7；

（4）4 ℃保存。

六、有关 pUC18 质粒的说明

pUC18 载体自身带有抗氨苄青霉素基因，而外源片段不具有，这样只有带有 pUC18 的转化子的菌株才能在氨苄青霉素平板上存活，而外源片段自身环化的不能存活，这称为抗性筛选。

pUC18 上带有 β-半乳糖苷酶基因（lacZ）的调控序列和 β-半乳糖苷酶 N 端 146 个氨基酸的编码序列，在这个编码区中插有一个多克隆位点，且不影响正常功能（图 4-2）。DH5α 感受态菌株带有 β-半乳糖苷酶 C 端部分序列的编码信息，当 pUC18 载体在正常

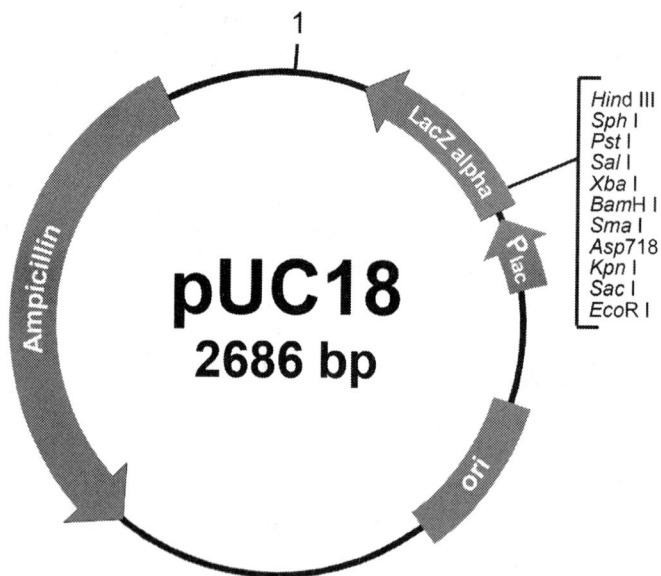

Comments for pUC18
2686 nucleotides

LacZ alpha peptide: bases 149-469 (complementary strand)
lac promoter: bases 470-543 (complementary strand)
pUC origin: bases 808-1481 (complementary strand)
Ampicillin (*bla*) resistance gene: bases 1629-2486 (complementary strand)
bla promoter: bases 2487-2585 (complementary strand)

图 4-2　pUC18 质粒载体和多克隆位点

情况下同感受态菌株融合后，互补表达有活性的β-半乳糖苷酶，称为α-互补现象。当有外源片段插入多克隆位点后，序列不能互补，即细菌不能产生有活性的β-半乳糖苷酶。在呈色底物X-Gal（5-溴-4-氯-3-吲哚-β-半乳糖苷）和诱导物异丙基-β-D-硫代半乳糖苷（isopropyl-β-D-thiogalactoside，IPTG）的存在下，互补产物菌落呈现蓝色，不互补产物菌落呈白色，很容易鉴别，这种筛选方法称为α-互补现象筛选（蓝白斑筛选）。由上可见，pUC18载体除了能重组导入外源片段外，在筛选表达过程中还具有重要的作用。

七、实验操作步骤

（一）消化

分别用限制性内切酶消化质粒载体和目的基因EGFP。反应体系如表4-1、表4-2所示，混合后37 ℃水浴保温1～2 h。

表4-1　载体酶切体系

序　　号	成　　分	用　　量
1	plasmid vector pUC18	5 μl
2	10×buffer	2 μl
3	*Bam*H Ⅰ	0.5 μl
4	*Hind* Ⅲ	0.5 μl
5	ddH$_2$O	12 μl
	总量	20 μl

表4-2　插入酶切反应体系

序　　号	成　　分	用　　量
1	insert（PCR产物 EGFP）	5 μl
2	10×buffer	2 μl
3	*Bam*H Ⅰ	0.5 μl
4	*Hind* Ⅲ	0.5 μl
5	ddH$_2$O	12 μl
	总量	20 μl

上述两个反应，由于2、3、4、5相同，因此可以预先混合为预混合液（premixture）。

PCR产物经过酶解，如果时间紧张，可以不割胶，加入2.5倍无水乙醇沉淀、纯化，直接利用,操作同 PCR 产物纯化。最后溶解于 20 μl ddH$_2$O 中。

1. 将清洁干燥并经灭菌的 Eppendorf 管,用微量移液枪按照上面体系加入各种试剂。

2. 混匀反应体系后,将 Eppendorf 管置于适当的支持物上(如插在泡沫塑料板上), 37 ℃水浴保温 1~2 h,使酶切反应完全。

(二)琼脂糖凝胶电泳、割胶回收、纯化载体和目的基因 DNA

1. 用 1‰琼脂糖凝胶电泳(100 V,45 min)分离酶切后的载体和 PCR 产物样品。

2. 标记离心管,称重。

3. 在紫外线下用干净的刀片切出所需 DNA 条带(参见示意图 4-3),操作要快,以免损伤 DNA。应尽可能多地去除琼脂糖凝胶。

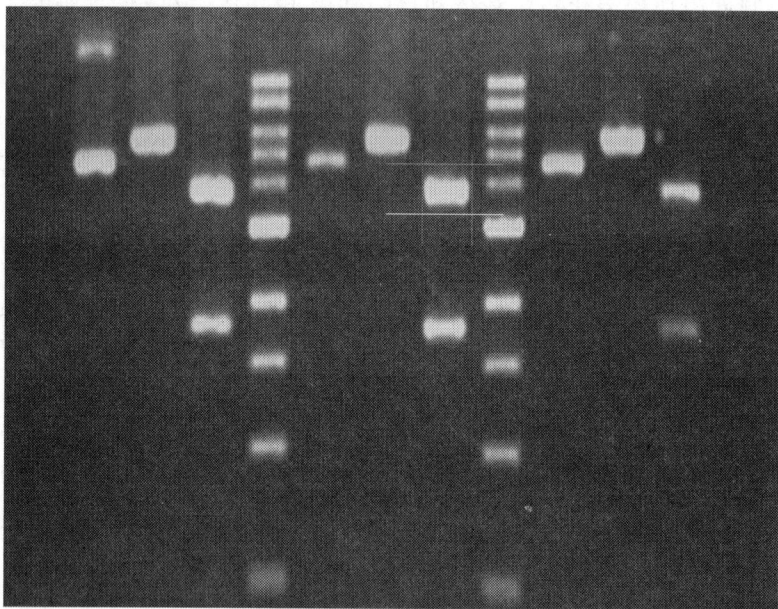

图 4-3　从琼脂糖凝胶中割胶回收 DNA 示意图。分别在目的条带上、下、左、右各切割一刀,动作要干净利落,然后用干净的镊子迅速挑出,放入离心管

4. 将切下的琼脂糖凝胶放入离心管中,称重,计算凝胶重量。

5. 按胶重量 1∶3 加入 binding buffer Ⅱ,55 ℃水浴 10 min(振荡助融)。

6. 按胶重量 1∶1.5 加入异丙醇,装柱(图 4-4),静置 2 min,12000 r/min 离心 1 min (离心后,弃废液,再装柱离心一次)。

7. 弃废液,加 500 μl washing buffer,12000 r/min 离心 1 min,重复一次。

8. 弃废液,将空柱 12000 r/min 离心 2 min。

9. 将柱放一新离心管(1.5 ml)中,在柱膜中央加 40 μl 水,室温放置 2 min, 12000 r/min离心 2 min,离心管中液体即为回收目的片段。放置冰上,标记为"V"

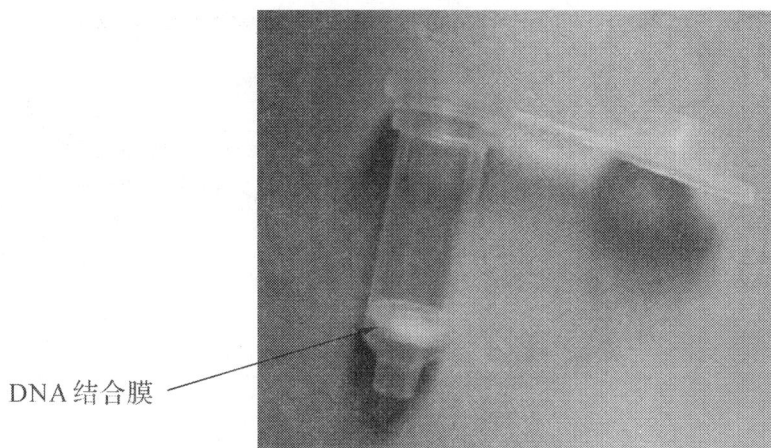

DNA 结合膜

图 4-4　管内的 DNA 结合膜

(Vector),PCR 产物酶解后割胶回收可标记"I"(Insert)。

(三)DNA 体外连接

1.取新的经灭菌处理的 1.5 ml Eppendorf 管,编号。

2.根据表 4-3 所示反应体系将载体、目的基因 DNA 以及 DNA 连接酶加入到无菌离心管中,混匀,离心液体全部甩到管底,16 ℃进行体外连接过夜。

表 4-3　DNA 体外连接反应体系

序　　号	成　　分	用　　量
1	insert（PCR 产物 EGFP）	3 μl
2	vector pUC18	1 μl
3	DNA 连接酶	0.5 μl
4	10×buffer	2 μl
5	ddH$_2$O	13.5 μl
总量		20 μl

(2、3、4、5 可以是预混合液)

(四)DNA 转化(进入大肠杆菌)

DNA 转化如图 4-5 所示。具体操作步骤如下:

1.从−70 ℃冰箱取出 50 μl 感受态细胞置于冰上。(感受态细胞由助教制备,具体参见实验五)

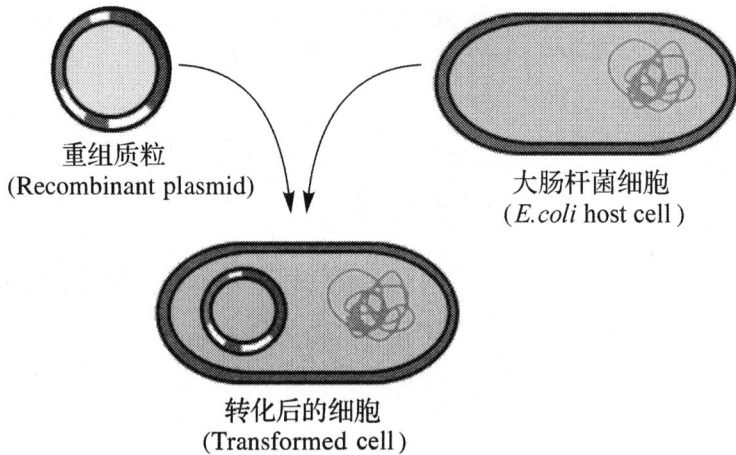

图 4-5　DNA 转化示意

2.待其融化后,加入连接后的质粒($2.5\sim3.5$ μl),加入的量不超过总体积的 5%,轻轻混匀,置冰上 30 min。

3.42 ℃水浴热冲击 60 s,迅速移于冰上,2 min。

4.加入 450 μl SOC 培养基(37 ℃预热),混匀。

5.37 ℃培养 1 h。

6.LB 固体培养基(由助教事先配制,加入 Amp)上事先用 X-Gal 和 IPTG 涂布。

方法:X-Gal 150 μl、IPTG 150 μl、H_2O 300 μl 混合(由实验助教统一配制后分发各小组)后,每板 200 μl 涂匀,超净工作台内干燥。

7.将上述步骤 5 的培养液低速离心(3000 r/min),吸弃上清 350 μl,将余下 150 μl 轻轻混匀,并均匀涂布于经过步骤 6 处理的 LB 固体培养基上进行铺板培养(图 4-6),超净工作台内干燥,用封口膜(parafilm)封口密闭。37 ℃倒置培养 12～16 h(过夜)(若常温条件下则培养 2 d),观察蓝白斑,拍照记录。培养板下次上课时交教师处理。

八、注意事项

1.使用限制性内切酶时应尽量减少其离开冰箱的时间,以免活性降低。

2.反应体系总量比较少,属于微量操作,在移取试剂时需要小心,不要用力过猛,以免溶液喷溅。

3.切胶时应快速操作,在紫外灯下时间长容易伤害到眼睛。

4.称胶前一定要先除去离心管的空重。

5.一般连接 1～2 h 就行,如果连接效果不好,可以适当延长其至连接过夜。

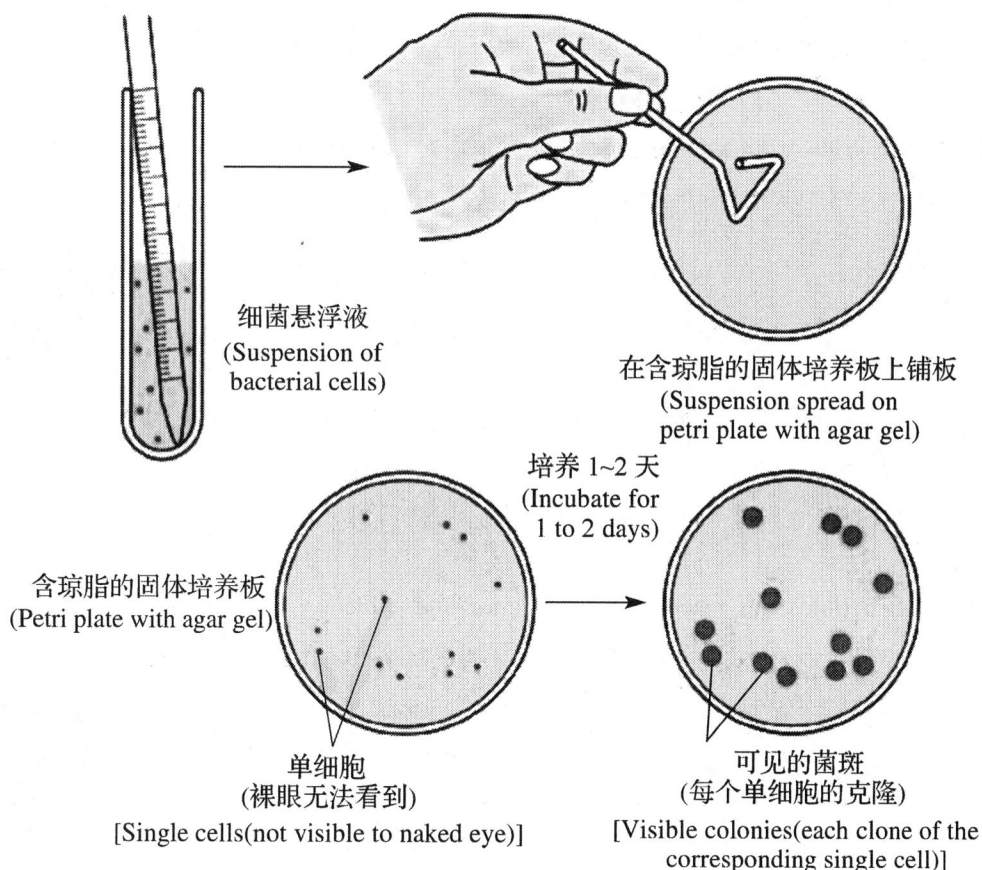

图 4-6　菌液涂板及菌落生长示意图

九、实验结果与分析

1. 根据酶切情况,分析 PCR 实验结果。

2. 观察转化实验的结果,分析菌斑为什么会产生两种颜色,即白色和蓝色。

十、思考题

1. DNA 纯化的方法主要有哪些? 各有什么优点?

2. DNA 连接技术是整个基因操作技术的基础,试根据前面所学的分子生物学知识列举出连接反应体系中需要哪些物质的参与?

3. 只要 DNA 上存在相应的序列,限制性内切酶都可以与之作用,为什么限制性内切酶没有对自身细胞中的 DNA 产生损害呢?

十一、辅助学习网站

DNA extraction from agarose gels（basic method）protocol

http：//www. methodbook. net/dna/gelextrc. html

学习心得：_____

_____

_____

_____

二维码 12

DNA extraction from agarose gels（basic method）video

http：//www. dnatube. com/video/4371/Gel-Extraction

学习心得：_____

_____

_____

_____

二维码 13

DNA ligation protocol

https：//www. neb. com/protocols/1/01/01/dna-ligation-with-t4-dna-ligase-m0202

学习心得：_____

_____

_____

_____

二维码 14

DNA ligation video

http：//www. dnatube. com/video/4030/PCR-Cloning-III-Ligation

学习心得：_____

_____

_____

二维码 15

_____

_____

DNA transformation protocol

https：//www. neb. com/protocols/2012/05/21/transformation-protocol

学习心得：_____

_____

二维码 16

_____

_____

_____

DNA transformation video

http：//www. jove. com/video/253/transformation-of-plasmid-dna-into-e-coli-using-the-heat-shock-method

学习心得：_____

_____

二维码 17

_____

_____

实验五　大肠杆菌感受态细胞的制备及质粒 DNA 的转化

一、实验目的

1. 了解细胞转化的概念及其在分子生物学研究中的意义。
2. 学习氯化钙法制备大肠杆菌感受态细胞和外源质粒 DNA 转入受体菌细胞的技术。

二、实验原理

(一)感受态细胞

受体细胞经过一些特殊方法(如 $CaCl_2$ 等化学试剂法)处理后(图 5-1),细胞膜的通透性发生变化,成为能容许外源 DNA 的载体分子通过的感受态细胞(competent cell)。

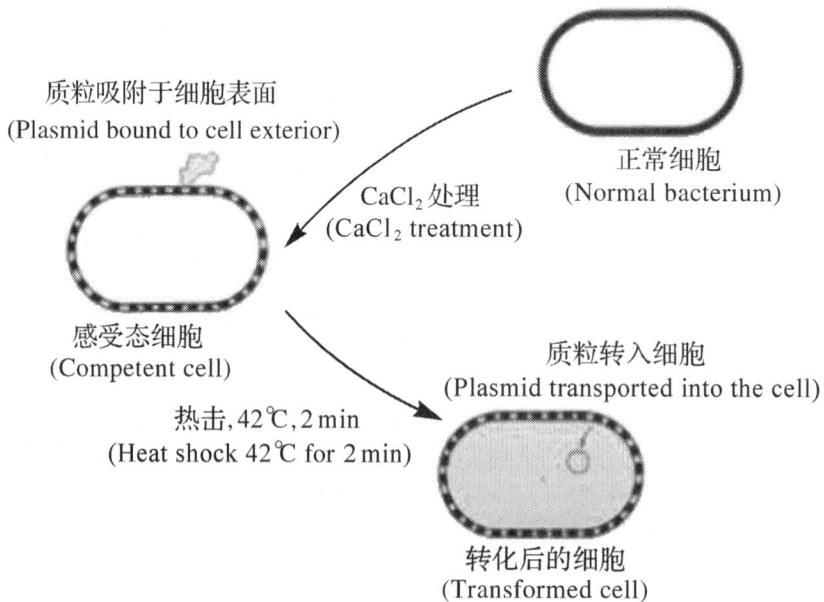

图 5-1　$CaCl_2$ 处理产生感受态细胞及质粒转化

(二)转化

转化(transformation)是将异源 DNA 分子引入一细胞株系,使受体细胞获得新的遗传性状的一种手段,是基因工程等研究领域的基本实验技术。

进入细胞的 DNA 分子通过复制表达,才能实现遗传信息的转移,使受体细胞出现新的遗传性状。转化过程所用的受体细胞一般是限制-修饰系统缺陷的变异株,即不含限制性内切酶和甲基化酶的突变株。重组质粒 DNA 转化入细菌的过程如图 5-2 所示。

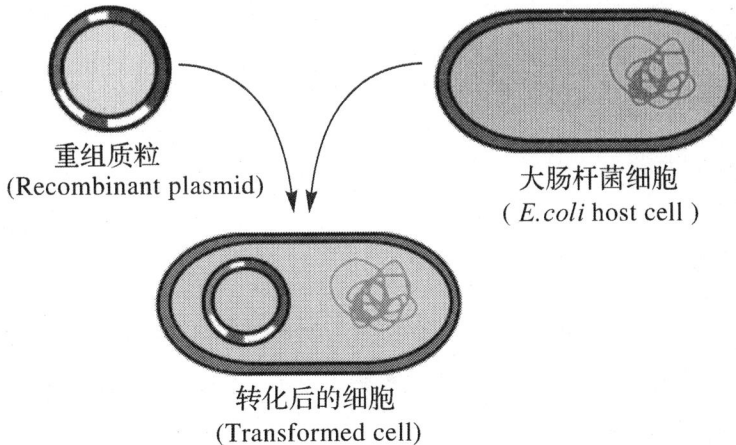

重组质粒
(Recombinant plasmid)

大肠杆菌细胞
(*E.coli* host cell)

转化后的细胞
(Transformed cell)

图 5-2　重组质粒 DNA 转化入细菌过程示意

转化的方法有以下两种:

1.化学法(热击法):使用化学试剂(如 $CaCl_2$)制备的感受态细胞,通过热击处理将载体 DNA 分子导入受体细胞。

2.电转化法:使用低盐缓冲液或水洗制备的感受态细胞,通过高压脉冲将载体 DNA 分子导入受体细胞。

(三)克隆的筛选

主要用不同抗生素基因筛选。常用的抗生素有氨苄青霉素、卡那霉素、氯霉素、四环素、链霉素等。

将经过转化后的细胞在选择性抗生素培养基中培养,才能较容易地筛选出转化体,即带有异源 DNA 分子的受体细胞;如果将转化后的菌液涂在无选择性抗生素的培养基平板上,会出现成千上万的细菌菌落,将难以确认哪一个克隆含有转化的质粒。

三、实验器材

恒温摇床	台式高速离心机	恒温水浴锅	琼脂糖凝胶电泳装置
电热恒温培养箱	电泳仪	无菌工作台	微量移液枪

四、实验试剂

含 X-Gal 和 IPTG 的筛选培养基

感受态细胞

五、实验操作步骤

(一)大肠杆菌感受态细胞的制备(CaCl₂ 法)

1. 从 *E. coli* DH5α 菌平板上挑取一单菌落,接种于 3 ml LB 液体培养基中,37 ℃振荡培养过夜。将该菌悬液以 1∶100～1∶50 转接于 200 ml LB 液体培养基中,37 ℃振荡扩大培养,当培养液开始出现浑浊后,每隔 20～30 min 测一次 OD_{600},至 $OD_{600} \leqslant 0.5$ 时停止培养(约 2～3 h)。

2. 每人取 2 个离心管,转入 3 ml 培养液(1.5 ml×2),在冰上冷却 2～3 min,于 4 ℃ 4000 r/min 离心 5 min(从这一步开始,所有操作均在冰上进行,速度尽量快而稳)。

3. 倒净上清培养液,按照 0.75 ml/管,用冰冷的 0.1 mol/L CaCl₂ 溶液轻轻悬浮细胞,冰浴 15 min。

4. 4000 r/min 离心 5 min。

5. 弃去上清液,加入 100 μl 冰冷的 0.1 mol/L CaCl₂ 溶液,小心悬浮细胞,冰上放置 2 h后,即制成了感受态细胞悬液。

6. 制备好的感受态细胞悬液可直接用于转化实验,也可加入占总体积 15%～20%并经高压灭菌过的甘油,混匀后分装于 1.5 ml 离心管中,置于－70 ℃条件下可保存半年至一年。

(二)细胞转化

1. 取 1 μl 质粒 DNA 于离心管中,加入 100 μl 感受态细胞,轻轻摇匀,冰上放置 30 min。

2. 于 42 ℃水浴中保温 1 min,然后迅速置冰上冷却 2 min。

3. 立即向上述管中分别加入 1 ml LB 液体培养基,摇匀后于 37 ℃振荡培养约 45～60 min,使受体菌恢复正常生长状态,并使转化体表达抗生素基因产物(Ampʳ)。(该步骤

可以省略）

(三)平板培养

1.取各样品培养液 20 μl 或 50 μl,涂布于含 Amp 抗生素的 LB 平板培养基上(用玻璃棒涂抹,用酒精灯烧过后稍微凉一下再用,不要过烫)。

2.菌液完全被培养基吸收后,倒置培养皿,于 37 ℃ 恒温培养箱内培养过夜(12~16 h)。

用 $CaCl_2$ 法制备的感受态细胞,可使每微克超螺旋质粒 DNA 产生 $5×10^6 ~ 2×10^7$ 个转化菌落。在实际工作中,每微克有 10^5 以上的转化菌落足以满足一般的克隆实验。

六、注意事项

1.进行热击制备感受态细胞时要控制好时间。

2.转化好的细菌进行涂板时,可稀释不同浓度,涂布在几块培养基上,以达到较好的效果。

七、实验结果

涂好的培养基放入 37 ℃恒温培养箱,进行培养过夜,第二天再观察结果。结果如图 5-3 所示。

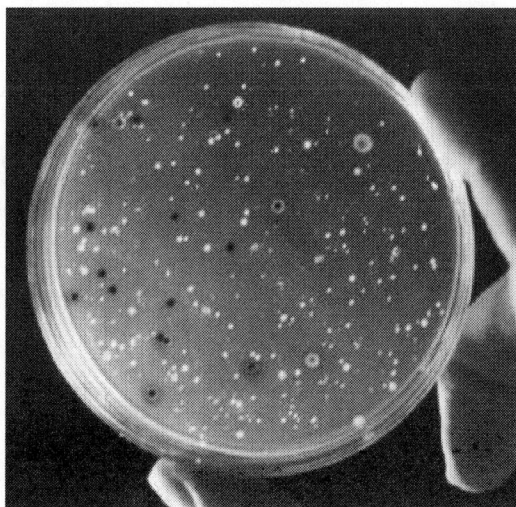

图 5-3　蓝白斑观察

八、思考题

根据实验中所学知识，设计一个将外源基因导入宿主细胞的具体方案。

九、辅助学习网站

E. coli calcium chloride competent cell protocol

http://www.med.nyu.edu/medicine/labs/blaserlab/Protocols/E-coli_competent_cells_protocol_&_transformation.pdf

学习心得：_____

_____

_____

_____

二维码 18

http://www.dartmouth.edu/~staphy/protocol/competent_cell_ecoli.html

学习心得：_____

_____

_____

_____

二维码 19

实验六　重组质粒 DNA 的提取及插入酶切鉴定

一、实验目的

1. 学习和掌握质粒的相关知识，了解从细菌中提取质粒的原理。

2. 通过本实验学习和掌握碱裂解法提取质粒的原理，熟悉质粒提取的操作步骤。

3. 了解分离小分子 DNA 与基因组 DNA 的原理与区别。

4. 掌握质粒 DNA 的鉴定方法。

二、实验背景知识

(一)大肠杆菌(*E.coli*)

大肠杆菌是人类最熟悉的微生物之一。大肠杆菌细胞质中的质粒是一种环状 DNA，出入细胞较为容易，加之它结构简单，繁殖快，易于培养，自然就成了基因工程研究的对象和理想的操作工具(图 6-1)。1969 年，美国生物学家夏皮洛等人首先用生物学方法，从大肠杆菌质粒的环状 DNA 片段上人工分离出了基因。3 年之后，美国科学家科恩首次把两

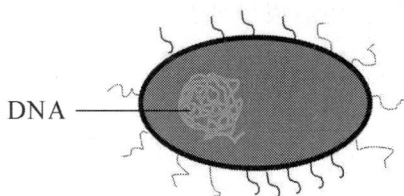

基因组 10^7 bp，编码约 2000 种蛋白质

图 6-1　大肠杆菌的结构与特点

个大肠杆菌的质粒从细胞中分离出来,在体外让质粒中的 DNA 分子重新进行组合,然后再送回大肠杆菌中,使其成功地获得表达,从而第一次实现了基因操作。

(二)质粒(plasmid)的基本概念

在一些原核生物细胞中发现质粒。质粒的结构如图 6-2 所示。

质粒的特点主要有以下几点:

——质粒是染色体外的稳定遗传因子;

——双链、闭环的 DNA 分子,大小 1～200 kb 不等;

——质粒存在于细菌、放线菌和真菌细胞中;

——质粒具有自主复制和转录能力,并表达所携带的遗传信息。

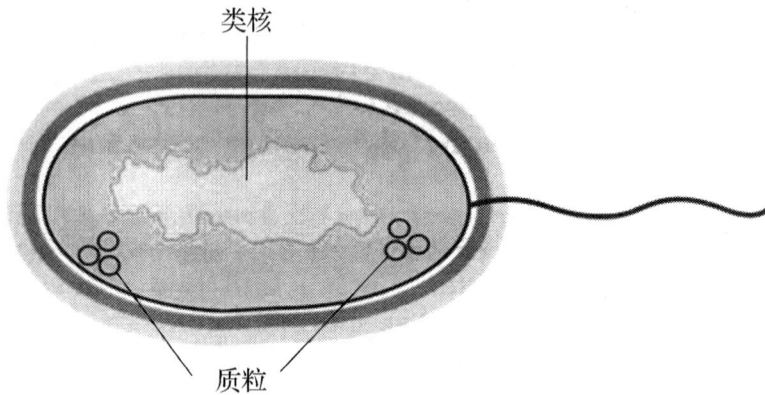

图 6-2　质粒

质粒的基本结构,通常含有下列因子:

a. 抗性基因(antibiotic resistance gene, such as ampicillin resistance gene, kanamycine resistance gene),作为选择性标记。

b. 复制启动子(*ori*, origin of replication,一段特定的 DNA 序列),保证质粒能够在寄主细胞内复制。

c. 多克隆位点(MSC, multiple cloning site or polylinker),在一段较短的 DNA 序列中人为设置多个限制性内切酶的位点,以供外源基因插入。

质粒需要人工改造才能成为质粒载体(图 6-3)。

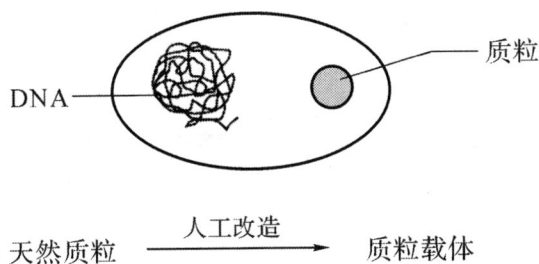

图 6-3　质粒改造

(三)感受态细胞的制备

感受态细胞的制备流程及质粒转化如图 6-4 所示。用 $CaCl_2$ 处理大肠杆菌细胞,改变了细胞膜的通透性,使外源 DNA(如质粒)比较容易进入。

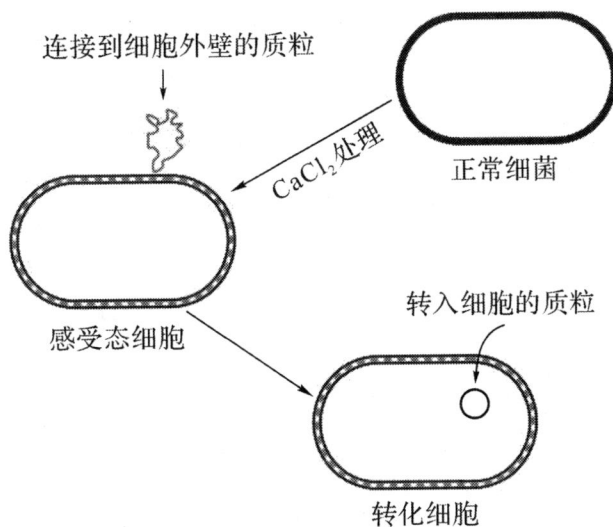

图 6-4　感受态细胞制备流程及质粒转化

(四)DNA 转化

DNA 转化(DNA transformation)即外源 DNA(一般指质粒 DNA)转入细菌的过程(图 6-5)。外源 DNA(如质粒)在刺激条件下(如热击等)进入细菌。[注意,该概念与转染(transfection)不同]

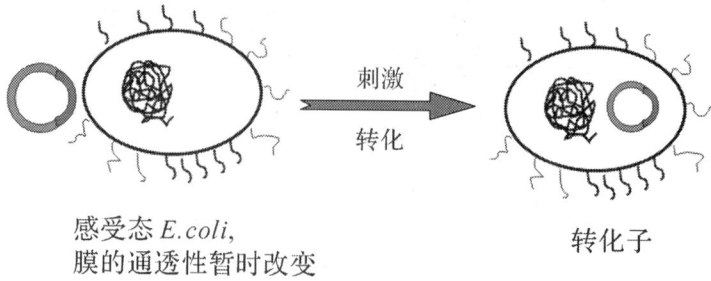

图 6-5　DNA 转化流程

(五)质粒 DNA 的提取

核酸分离纯化的基本原则:因为遗传信息全部储存在核酸的一级结构中,所以完整的一级结构是保证核酸结构与功能研究的基础。

在进行核酸的分离和纯化时应遵循两个原则:①保证核酸一级结构的完整性;②排除其他分子的污染。

核酸的纯度要求:①核酸样品中不应存在对酶有抑制作用的有机溶剂和过高浓度的金属离子;②其他生物大分子(如蛋白质、多糖和脂类分子)的污染应降低到最低程度;③排除其他核酸分子的污染,如提取 DNA 分子时,应去除 RNA。

核酸分离纯化的主要步骤为:破碎细胞→去除蛋白质、多糖、脂类等生物大分子→沉淀核酸→去除盐类、有机溶剂等杂质→纯化干燥→溶解。

二、实验原理

碱裂解法提取质粒是根据共价闭合环状质粒 DNA 与线性染色体 DNA 在拓扑学上的差异来分离它们的。在 pH 值为 12.0~12.5 这个狭窄的范围内,线性的 DNA 双螺旋结构解开而变性。在同样的条件下,尽管共价闭环质粒 DNA 的氢键会断裂,但两条互补链彼此相互盘绕,仍会紧密地结合在一起。当 DNA 溶液加入 pH 值为 4.8 的乙酸钾高盐缓冲溶液,恢复 pH 至中性时,共价闭合环状的质粒 DNA 的两条互补链仍保持在一起,因此复性迅速而准确;而线性染色体 DNA 的两条互补链彼此已完全分开,复性就不会那么迅速而准确,它们缠绕形成网络结构,通过离心,染色体 DNA 与不稳定的大分子 RNA、蛋白质-SDS 复合物等一起沉淀下来而被除去。

DNA 的浓缩原理为(乙醇沉淀):对于浓的 DNA 溶液,乙醇能够在样品的上方形成一个分层,使得核酸分子在两相界面处沉淀出来。用玻璃棒伸入核酸溶液后,DNA 分子会黏附在棒上,从而很容易地被取出。

质粒 DNA 提取的具体步骤如图 6-6 所示。

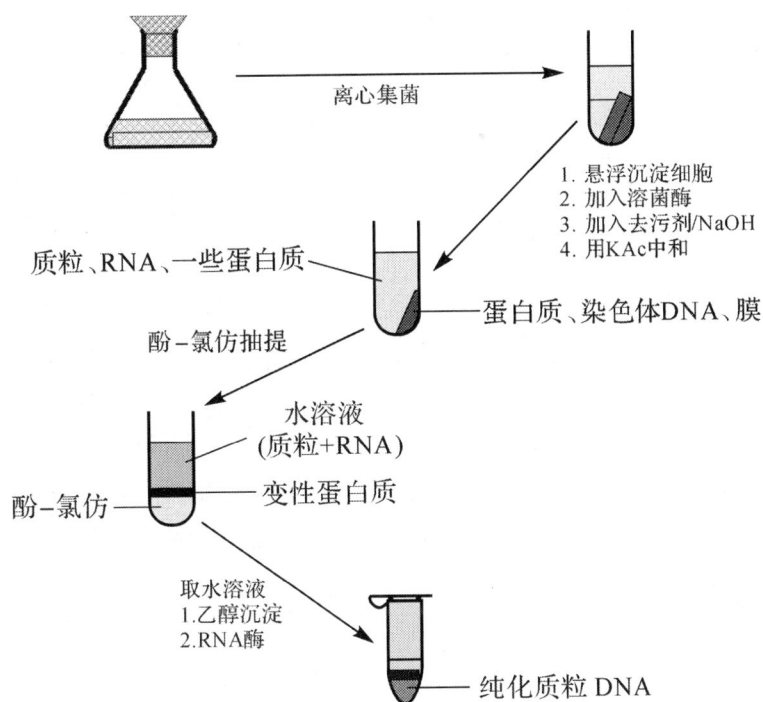

图 6-6　质粒 DNA 提取的具体步骤

三、实验器材

电子天平　　锥形瓶　　气浴摇床　　离心机

四、实验试剂

1.溶液Ⅰ：

　　50 mmol/L 葡萄糖

　　10 mmol/L EDTA

　　25 mmol/L Tris · HCl,pH 8.0

2.溶液Ⅱ：

　　0.2 mol/L NaOH

　　1% SDS

3.溶液Ⅲ,即 3 mol/L 乙酸钾溶液（pH 4.8）：

　　60 ml 5 mol/L KAc

　　11.5 ml 冰醋酸

28.5 ml H_2O

4.饱和酚(pH 8.0 Tris·HCl 饱和)

5.氯仿

6.3 mol/L 乙酸钠溶液(pH 5.2)

7.TE 缓冲液：

10 mmol/L Tris·HCl

1 mmol/L EDTA,pH 8.0

8.100％乙醇与 70％乙醇

9.SOB 液体培养基(1 L)：称取 20 g tryptone，5.0 g yeast extract，0.5 g NaCl 和 186.0 mg KCl，用 950 ml 去离子水溶解。然后用 5 mol/L NaOH 溶液(大约 0.2 ml)调节 pH 值至 7.0,最后定容至 1000 ml,高压灭菌,冷却后加入 10 ml 灭菌后的 2 mol/L Mg^{2+} 溶液(如 10 ml 的 1 mol/L $MgCl_2$ 溶液或 1 mol/L $MgSO_4$ 溶液)。

五、实验操作步骤

(一)质粒 DNA 抽提 (经典方法)

1.将 2 ml 含相应抗生素(50 μg/ml Amp)的 SOB 液体培养基加入到试管中,接入上述含 pUC18-EGFP 质粒的大肠杆菌,37 ℃振荡培养过夜。(教师准备)

2.取 1.5 ml 培养物倒入微量离心管中,4000 r/min 离心 2 min。吸去培养液,使细胞沉淀,尽可能干燥。

3.将细菌沉淀悬浮于 100 μl 溶液Ⅰ中,充分混匀,室温放置 10 min。

4.加入 200 μl 溶液Ⅱ(新鲜配制),盖紧管盖,混匀内容物,将离心管放冰上 5 min。

5.加入 150 μl 溶液Ⅲ(冰上预冷),盖紧管盖,颠倒数次使之混匀,放置冰上 15 min。

6.12000 r/min 离心 10 min,将上清转至另一离心管中。

向上清中加入等体积酚、氯仿(1：1)(去蛋白),反复混匀(图 6-7),12000 r/min 离心 5 min,将上清转至另一离心管中。转移时小心！(总体积：400 μl)

7.向上清中加入 2 倍体积无水乙醇(800 μl),混匀后,放置冰上 5～10 min,观察是否有絮状沉淀。12000 r/min 离心 5 min。倒去上清液,把离心管倒扣在吸水纸上,吸干液体。

9.用 1 ml 70％乙醇洗涤质粒 DNA 沉淀,振荡并离心 1 min,倒去上清液,空气中干燥。

10.加 20 μl TE 缓冲液(含有 20 μg/ml 的胰 RNA 酶)到有 DNA 沉淀的离心管中,使 DNA 完全溶解,－20 ℃保存。

注意:用移液枪操作时,每一步都要格外小心,特别是在加入溶液Ⅱ和Ⅲ后,一定不要

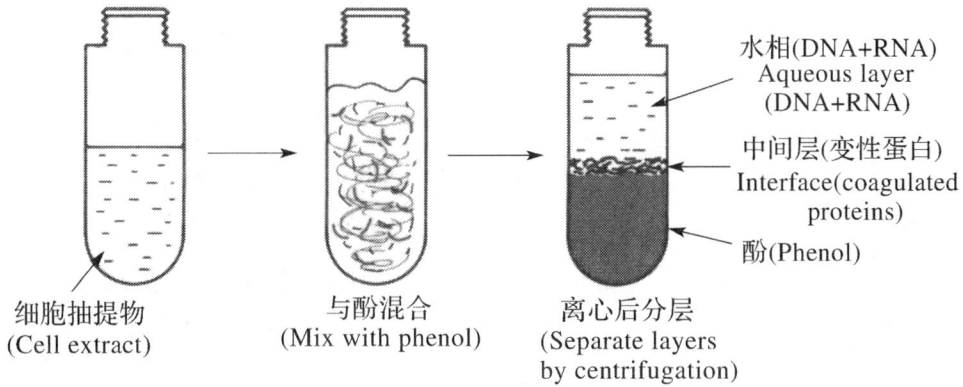

图 6-7 酚-氯仿与 DNA 抽提液混合后分层

剧烈振荡,以免切碎 DNA(包括质粒 DNA 和基因组 DNA)!

（二）质粒 DNA 抽提方法（试剂盒快速提取，不使用酚、氯仿）

某品牌质粒 DNA 快速提取试剂盒和 DNA 吸附柱如图 6-8 所示。

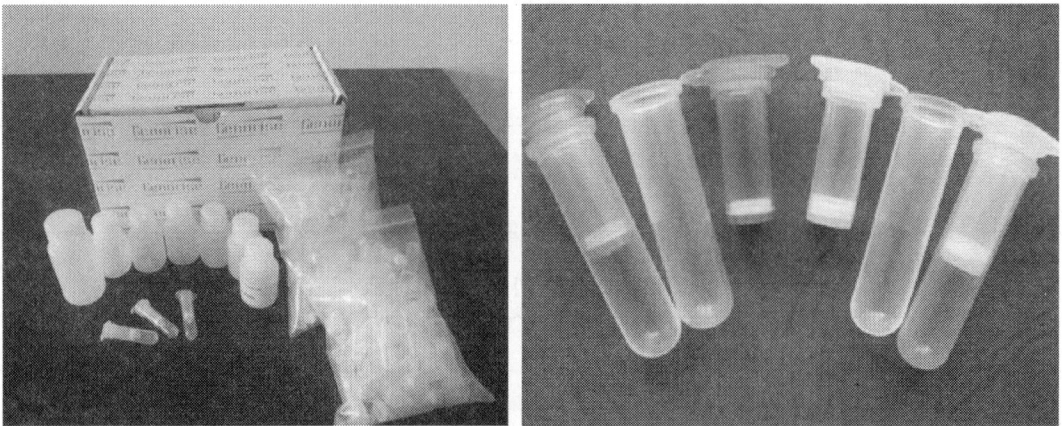

图 6-8 质粒 DNA 快速提取试剂盒（左）和 DNA 吸附柱（右）

1.取 1 ml 过夜培养的菌液,加入离心管中,室温下 12000 r/min 离心 1 min,弃上清液,再短暂离心,吸弃残留液体。

2.加入 250 μl 溶液 A,用枪头充分吹打使菌体重悬。

3.加入 250 μl 溶液 B,温和反复颠倒混匀 4~6 次(此步处理不能超过 5 min,避免剧烈振荡)。

4.加入 350 μl 溶液 C,反复颠倒混匀 4~6 次。

5.12000 r/min、4 ℃离心 5 min,小心将上清液转移到离心吸附柱中。

6.静置 2 min,以让质粒 DNA 与吸附柱充分结合(此步十分重要)。

7. 室温 12000 r/min 离心 1 min，弃收集管中的废液。

8. 加入 500 μl 漂洗液 2(W2)，室温 12000 r/min 离心 1 min，弃收集管中的废液。

9. 重复上步 1 次。

10. 室温 12000 r/min 离心 1 min，甩干残留液体。

11. 将离心吸附柱置于一个新的 1.5 ml 塑料离心管中，加入 50 μl、65 ℃ 预热的 TE 缓冲液，室温放置 2 min。

12. 室温 12000 r/min 离心 1 min，离心管底部溶液即质粒 DNA。

(三)插入酶切鉴定

取 10 μl 质粒 DNA 溶液，加酶切缓冲液（教师统一配制，含有 BamH Ⅰ、$Hind$ Ⅲ 酶和反应缓冲液，如表 6-1、表 6-2 所示），用无菌水补至总体积 20 μl，37 ℃ 保温 1～2 h，加凝胶上样缓冲液(6×) 2 μl，进行琼脂糖凝胶电泳，分析质粒 DNA 的限制性酶切图谱。

表 6-1　单酶切反应缓冲液

序　号	成　　分	用　量
1	质粒 DNA	10 μl
2	10×buffer	2 μl
3	BamH Ⅰ	0.5 μl
4	ddH$_2$O	7.5 μl
总体积		20 μl

表 6-2　双酶切反应缓冲液

序　号	成　　分	用　量
1	质粒 DNA	10 μl
2	10×buffer	2 μl
3	BamH Ⅰ	0.5 μl
4	$Hind$ Ⅲ	0.5 μl
5	ddH$_2$O	7.0 μl
总体积		20 μl

六、结果观察与鉴定

质粒提取和消化后鉴定预想图如图 6-9 所示。

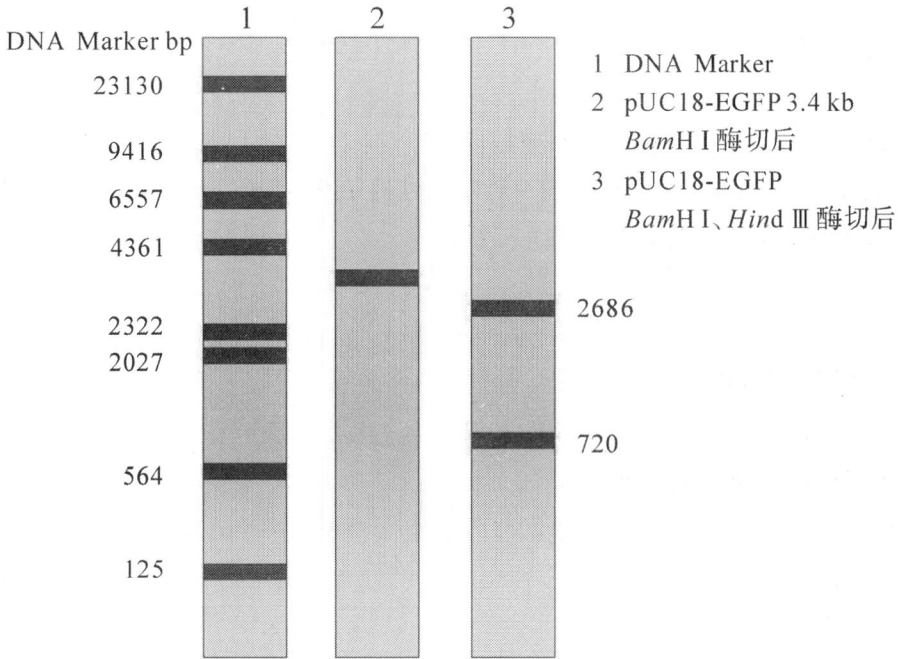

图 6-9　质粒提取和消化后鉴定预想图

pUC18 质粒和 EGFP DNA 电泳图谱如图 6-10 所示。

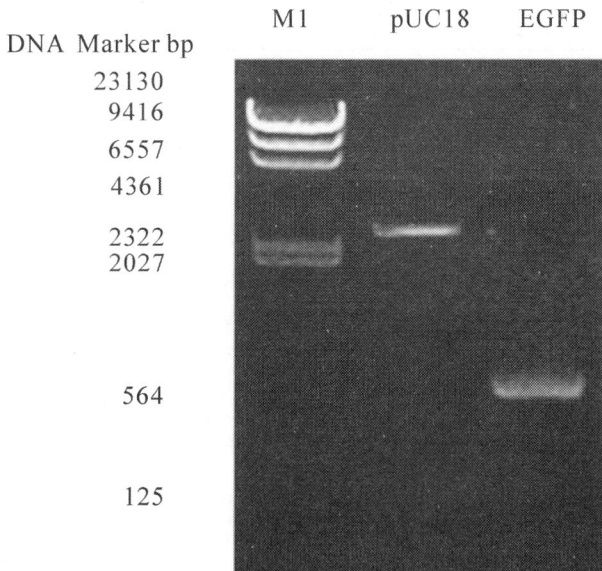

图 6-10　pUC18 质粒和 EGFP DNA 电泳图谱

七、思考题

1.从细菌中分离质粒 DNA 的原理是什么？

2.如果插入的片段两端均使用同一种限制性内切酶,即单一位点插入质粒载体,在这种情况下,如何鉴定是否有插入以及插入方向?

3.质粒的特性是什么?

八、辅助学习网站

DNA plasmid miniprep protocol

http://www.protocol-online.org/cgi-bin/prot/view_cache.cgi?ID=3062

学习心得:＿＿＿＿＿＿＿＿＿＿＿＿＿＿＿＿＿＿＿＿

＿＿＿＿＿＿＿＿＿＿＿＿＿＿＿＿＿＿＿＿＿＿＿＿＿＿＿＿＿

＿＿＿＿＿＿＿＿＿＿＿＿＿＿＿＿＿＿＿＿＿＿＿＿＿＿＿＿＿

＿＿＿＿＿＿＿＿＿＿＿＿＿＿＿＿＿＿＿＿＿＿＿＿＿＿＿＿＿

二维码 20

http://www.bio-protocol.org/e30

学习心得:＿＿＿＿＿＿＿＿＿＿＿＿＿＿＿＿＿＿＿＿

＿＿＿＿＿＿＿＿＿＿＿＿＿＿＿＿＿＿＿＿＿＿＿＿＿＿＿＿＿

二维码 21

＿＿＿＿＿＿＿＿＿＿＿＿＿＿＿＿＿＿＿＿＿＿＿＿＿＿＿＿＿

＿＿＿＿＿＿＿＿＿＿＿＿＿＿＿＿＿＿＿＿＿＿＿＿＿＿＿＿＿

Plasmid DNA extraction video

http://www.dnatube.com/video/4369/Plasmid-DNA-Extraction-Megaprep

学习心得：_____

_____

_____

_____

_____

二维码 22

Restriction enzyme digestion of DNA protocol

http://www.methodbook.net/dna/restrdig.html

学习心得：_____

_____

_____

_____

_____

二维码 23

Restriction enzyme digestion of DNA video

http://www.dnatube.com/video/11812/Restriction-Enzyme-Digestion-Experiment-2

学习心得：_____

_____

_____

_____

二维码 24

实验七　外源基因在大肠杆菌中的表达(或诱导表达)和检测

一、实验目的

通过本实验了解外源基因在原核细胞中表达的特点和方法。要求掌握:

1. 什么是基因表达? 掌握原核表达系统的原理。
2. 根据 pRSET 质粒的特点,说明为什么需要诱导表达,了解其原理。
3. 掌握表达产物(重组蛋白)的分析技术。

二、实验原理

将外源基因克隆在含有 T7 启动子的表达载体中,转化入大肠杆菌($E. coli$)并使之表达。先让宿主菌生长,lacI 产生的阻遏蛋白与 lac 操纵基因结合,从而抑制 T7 RNA 聚合酶的产生,使外源基因不能转录及表达,然后向培养基中加入 lac 操纵子的诱导物异丙基-β-D-硫代半乳糖(IPTG),使阻遏蛋白不能与操纵基因结合,启动 T7 RNA 聚合酶的产生,从而诱导外源基因大量转录并高效表达。表达的重组目的蛋白可经显色反应或聚丙烯酰胺凝胶电泳(SDS-PAGE)检测分析。

(一)原核(大肠杆菌)表达系统

外源目的基因克隆入表达载体(注意:务必保证正确的阅读框架),表达质粒被转化入宿主菌后能够独立复制和转录并表达(参见图 7-1)。该系统重组速度快,生产工艺简单,成本低,表达量较高;但缺点是重组蛋白翻译后修饰较差。1978 年,人胰岛素(insulin)基因首次在大肠杆菌中得到表达。目前该系统仍被广泛利用,是一个重要的表达系统。一些活性要求不高的蛋白质,如抗原制备,可利用该系统大量生产。

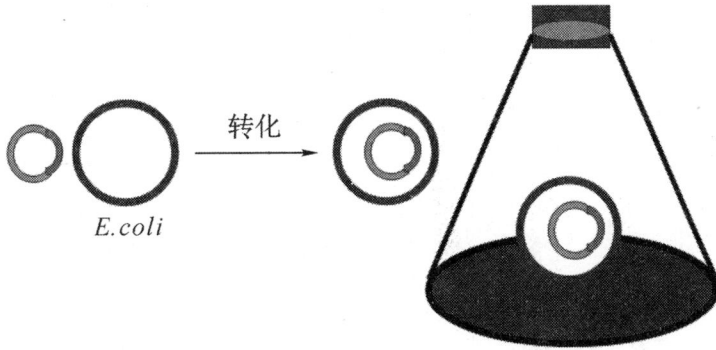

图 7-1　原核表达系统工作原理示意

(二)pRSET 载体

pRSET A,B,C 是从 pUC 载体衍生而来的,大小为 2895 bp。载体设计的目的是为了在大肠杆菌中高水平地表达和纯化目的克隆基因。载体上的 T7 启动子使得 pRSET 载体高水平表达克隆的基因序列成为可能。此外,DNA 插入片段位于载体上面的下游侧,并能够与上游的蛋白编码框一致。上游的编码序列表达一个 N-端融合肽,该序列包括一个 ATG 翻译起始密码子,一个 6×His 标签,一个来源于噬菌体 T7 基因 10 的转录稳定序列,Xpress 抗原表位,以及一个肠激酶裂解识别序列。His 标签允许简单的 Ni 柱蛋白纯化。肠激酶识别位点位于 His 标签和重组蛋白之间,可以随后方便地去除重组蛋白的 N-端融合肽。

(三)常用的原核表达启动子

Lac——来源于乳糖操纵子的启动子。

T7——来源于噬菌体的启动子。

PL——噬菌体早期启动子。

注意:原核生物 RNA 聚合酶不能识别真核基因的启动子,所以在原核表达载体中不能使用来源于真核细胞的启动子。

(四)诱导表达(expression by induction)

原核表达系统诱导表达原理如图 7-2 所示。

IPTG 诱导细菌产生 T7 RNA 聚合酶,从而激活表达载体目的基因的转录过程,如图 7-3 所示。

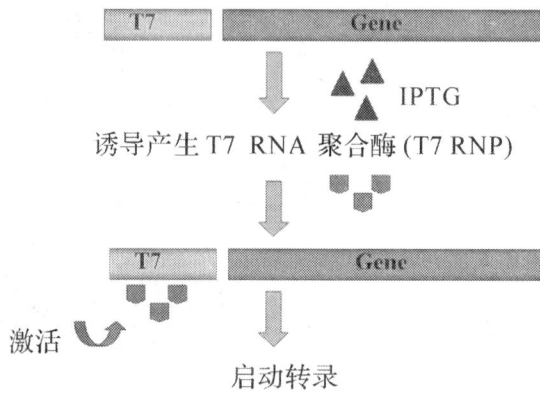

图 7-2　原核表达系统诱导表达原理示意

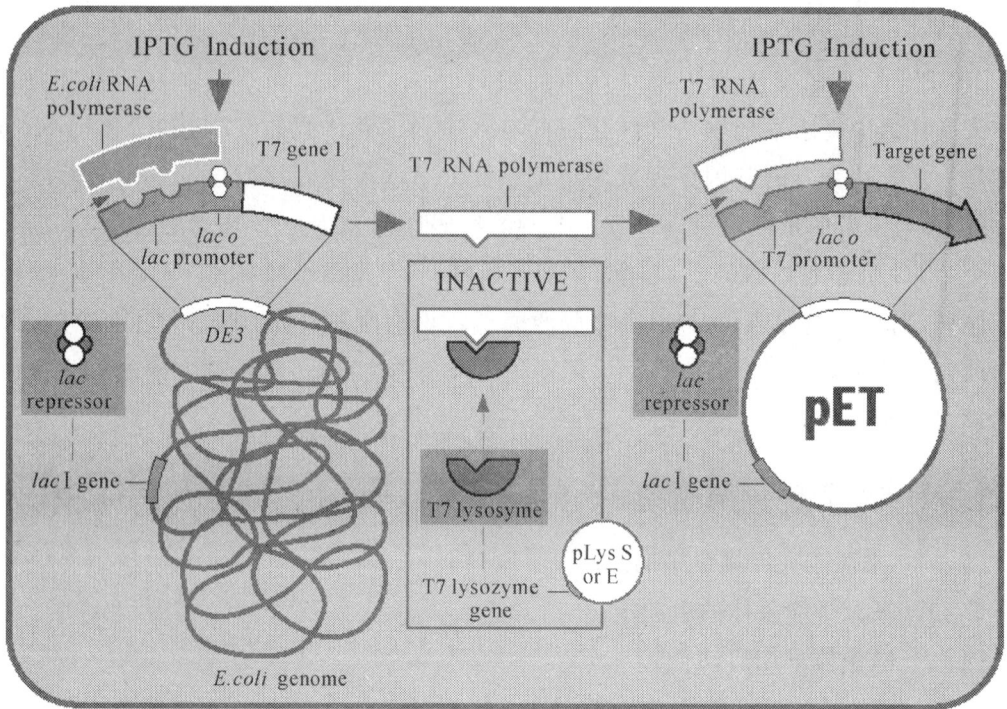

图 7-3　IPTG 诱导细菌产生 T7 RNA 聚合酶,从而激活表达载体目的基因的转录

三、几种主要试剂的配制

1.氨苄青霉素(ampicillin):用去离子水配制 50 mg/ml 的储存液(stock solution),0.22 μm 过滤灭菌,−20 ℃冻存。使用浓度为 50 μg/ml。

2.氯霉素(chloramphenicol):用 100%乙醇溶解,配制 35 mg/ml 的储存液,0.22 μm 过滤灭菌,−20 ℃冻存。使用浓度为 35 μg/ml。

3. 100 mmol/L IPTG:用去离子水溶解 0.24 g IPTG,使终体积为 10 ml。0.22 μm 过滤灭菌,-20 ℃ 冻存。

4. LB(1 L):液体和固体培养基的配制成分如表 7-1 所示。

表 7-1 液体和固体培养基配制成分及用量

成分	液体培养基	固体培养基
tryptone	10 g	10 g
yeast extract	5 g	5 g
NaCl	10 g	10 g
agar	—	15 g

将各种成分称量,加入 950 ml 去离子水来溶解,然后用 5 mol/L NaOH 溶液调节 pH 值至 7.0,最后定容至 1000 ml,高压灭菌。使用前加入相应抗生素。

四、实验操作步骤

将编码半乳糖苷酶的基因 *LacZ*(*LacZ* 基因大小为 3060 bp,编码 1019 个氨基酸,产物为半乳糖苷酶,该酶分解 X-Gal,即半乳糖苷类似物,呈现蓝色)克隆入表达载体 pRSET(参见图 7-4、图 7-5 和试剂说明)。该载体为氨苄青霉素抗性(ampicillin-

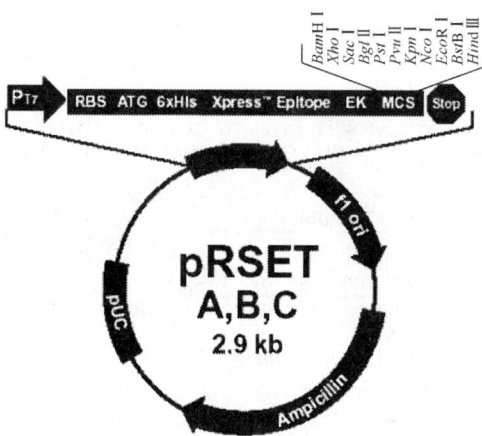

T7 promoter: bases 20-39

Ribosome binding site: bases 84-90

6× His tag: bases 112-129

T7 gene 10 leader: bases 133-162

Anti-Xpress™ epitope: bases 169-192

Multiple cloning site: bases 202-248

pRSET reverse priming site: bases 295-314

T7 transcription terminator: bases 256-385

f1 origin: bases 456-911

bla promoter: bases 943-1047

Ampicillin (*bla*) resistance gene (ORF): base 1042-1902

pUC origin: bases 916-2852 (C)

图 7-4 pRSET 质粒载体示意

pRSET/*lac*Z is a 5911 bp control vector expressing β-galactosidase. Note that β-galactosidase is fused to an N-terminal peptide containing the Xpress™ peptide, 6xHis tag and an enterokinase recognition site. The molecular weight is approximately 120 kDa. The figure below summarizes the features of the pRSET/*lac*Z vector. **The complete sequence of the vector is available for downloading from our Web site at www.invitrogen.com or from Technical Service.**

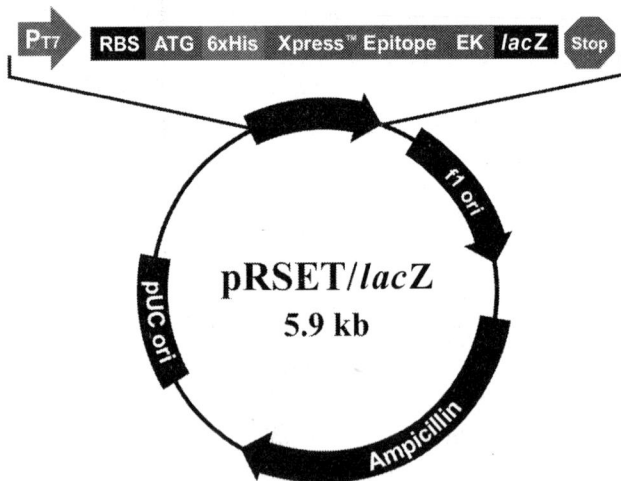

图 7-5　克隆入 *Bam*H I 、*Hind* Ⅲ 位点的 *LacZ* 基因

resistant)。克隆用菌株 Top10F′,表达时采用菌株 BL21(DE3)pLysS。

　　将重组质粒转化入大肠杆菌菌株 BL21(DE3)pLysS。经过一段时间(几小时)培养,使其大量生长,然后加入诱导剂 IPTG,诱导表达载体表达目的蛋白。

　　pRSET 质粒多克隆位点 MCS 如图 7-6 所示。

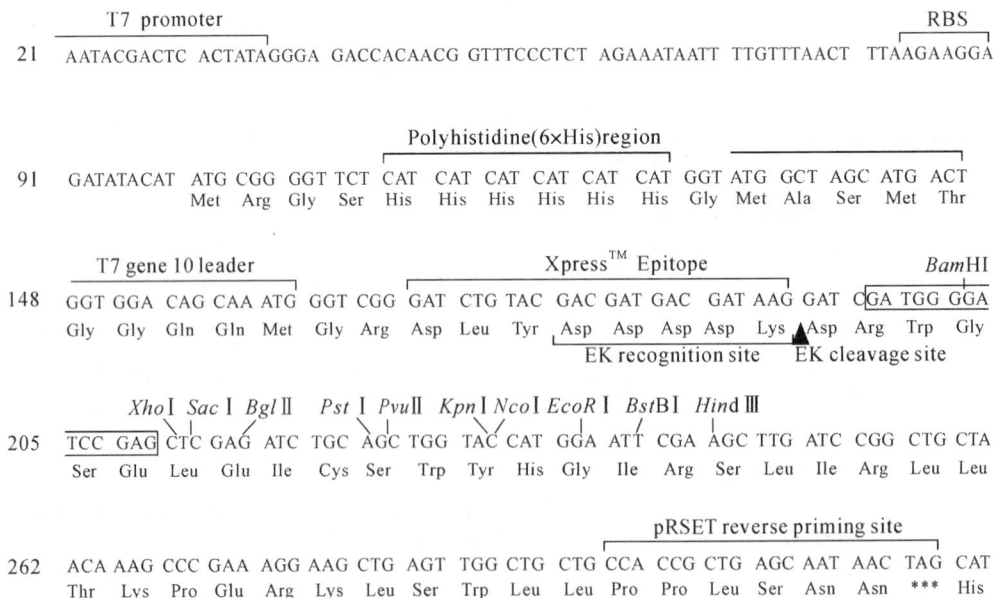

```
              T7 promoter                                                              RBS
21    AATACGACTC ACTATAGGGA GACCACAACG GTTCCCTCT AGAAATAATT TTGTTTAACT TTAAGAAGGA

                              Polyhistidine(6×His)region

91    GATATACAT ATG CGG GGT TCT CAT CAT CAT CAT CAT CAT GGT ATG GCT AGC ATG ACT
                 Met Arg Gly Ser His His His His His His Gly Met Ala Ser Met Thr

          T7 gene 10 leader                          Xpress™ Epitope                  BamHI
148   GGT GGA CAG CAA ATG GGT CGG GAT CTG TAC GAC GAT GAC GAT AAG GAT CGA TGG GGA
      Gly Gly Gln Gln Met Gly Arg Asp Leu Tyr Asp Asp Asp Asp Lys Asp Arg Trp Gly
                                            EK recognition site    EK cleavage site

         XhoI  SacI  BglⅡ   PstI  PvuⅡ  KpnI NcoI  EcoRI  BstBI  HindⅢ
205   TCC GAG CTC GAG ATC TGC AGC TGG TAC CAT GGA ATT CGA AGC TTG ATC CGG CTG CTA
      Ser Glu Leu Glu Ile Cys Ser Trp Tyr His Gly Ile Arg Ser Leu Ile Arg Leu Leu

                                          pRSET reverse priming site
262   ACA AAG CCC GAA AGG AAG CTG AGT TGG CTG CTG CCA CCG CTG AGC AAT AAC TAG CAT
      Thr Lys Pro Glu Arg Lys Leu Ser Trp Leu Leu Pro Pro Leu Ser Asn Asn *** His
```

图 7-6　pRSET 质粒多克隆位点 MCS

诱导表达步骤如图 7-7 所示。

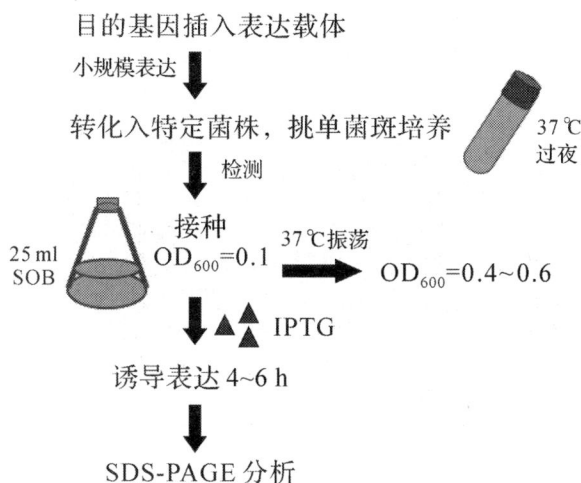

目的基因插入表达载体

小规模表达

转化入特定菌株，挑单菌斑培养　　　37 ℃
　　　　　　　　　　　　　　　　　　过夜

　　　　　　　检测

接种
OD$_{600}$=0.1　　37 ℃振荡
25 ml
SOB　　　　　　　　　　　OD$_{600}$=0.4~0.6

　▲▲ IPTG

诱导表达 4~6 h

SDS-PAGE 分析

图 7-7　诱导表达步骤示意

具体操作步骤如下：

1. 将 pRSET/*lacZ* 转化大肠杆菌菌株 BL21(DE3)pLysS。挑单菌落接种于含有 50 μg/ml ampicillin 和 35 μg/ml chloramphenicol 的 2 ml SOB 培养基。37 ℃振荡培养过夜。

2. 次日，用上述菌液接种 50 ml SOB(It is not necessary to include antibiotics for expression)，使 OD$_{600}$ 至 0.1。(上述步骤 1、2 由指导教师和助教准备)

3. 37 ℃振荡培养，使菌生长至 OD$_{600}$=0.4~0.6。

4. 在加入 IPTG 诱导前，取 1 ml 菌液作为对照(0 h 样品)。离心后收集细胞，−20 ℃冻存。

5. 加入 IPTG，使其最终浓度为 1 mmol/L(0.25 ml of 100 mmol/L IPTG stock to 25 ml culture)，继续培养。

6. 以加入 IPTG 时作为 0 点，每过 1 h 取 1 ml 样品，如步骤 4，将样品离心后冻存。一般收集样品 0~6 h。

7. 当所需样品收齐后，将冷冻的细胞悬浮在 100 μl 20 mmol/L 磷酸缓冲液中，用液氮或干冰(使用液氮或干冰，易引起皮肤灼伤，务必注意安全)使样品速冻，然后在 42 ℃融化。

8. 重复上述冻融 2~3 次，使细胞裂解，释放胞内蛋白，然后 4 ℃高速离心 10 min，收集上清。

9. 聚丙烯酰胺凝胶电泳(SDS-PAGE)分析蛋白质表达结果。在 100 μl 样品中加入等体积的 2×SDS-PAGE 上样缓冲液，混匀后 100 ℃煮沸 3 min。

10. 加入 10~20 μl 样品至 SDS-PAGE 胶，电泳。

11. 电泳结束后用考马斯亮蓝染色，脱色，观察结果，典型结果如图 7-8 所示。

（如果实验时间紧张，步骤 9、步骤 10 可不做，改为下列显色反应：在 1 ml 样品中直接加入 X-Gal 200 μl，充分混合，观察颜色反应）

（如果时间不够，可将 3 个样品带回，观察、拍照！）

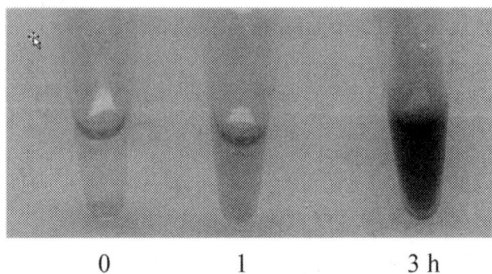

图 7-8　诱导表达实验结果示意

五、思考题

1. 简述原核表达系统的工作原理。

2. 在原核表达系统中，常使用诱导表达技术，其原理是什么？

3. 你认为本次诱导表达实验，在实验设计上是否有值得改进的地方，使之更加科学？

4. 表达质粒常见有 A，B，C 系列，这是为什么？

六、辅助学习网站

pRSET A，B，and C（for high-level expression of recombinant proteins in _E. coli_）

http://tools. thermofisher. com/content/sfs/manuals/prset_man. pdf

学习心得：_____

_____

_____

二维码 25

_____

_____

pET expression systems

http://www.genomics.agilent.com/article.jsp?pageId=472&_requestid=192252

学习心得：_____

_____

_____　　二维码 26

_____

_____

实验八　胚胎原位杂交

一、实验目的

1. 掌握胚胎原位杂交原理。
2. 应用斑马鱼整胚原位杂交。

二、实验原理

RNA 整胚原位杂交是主要用于检测特定转录子在胚胎内的时空表达模式的杂交技术,它利用了核苷酸碱基互补配对的特性。样品首先用多聚甲醛固定,使目的 mRNA 保留在原组织中,固定后用蛋白酶 K 处理,打开细胞膜使探针能够进入细胞(处理时间和样品有关,例如样品的厚度、年龄)。探针可以是标记的互补 DNA,现在最常见的是与目的基因互补的 RNA。对于待检测的组织和使用的探针需要通过测试优化实验条件。可以同时使用两个或更多个用不同分子标记的探针检测两个或更多个 mRNA。探针一般杂交过夜,可以通过提高杂交温度减少非特异性结合,第二天洗掉多余的探针。标记的探针可以与特定的抗体结合,抗体上交联了磷酸酶,后者可以与底物发生可见的化学发光反应,从而检测到特定基因的表达。

三、实验器材

(一)胚胎处置

| 杂交缸 | 筛网 | 培养皿 | 3 ml 巴氏吸管 |

(二)探针合成与纯化

| 一次性手套 | 移液枪 | RNase-free 枪头 |
| RNase-free 1.5 ml 离心管 | 离心管架 | 37 ℃水浴锅 |

4 ℃离心机（12000 r/min）　　65 ℃水浴锅　　　　冰盒

M-30 微量过滤器　　　　　　微波炉　　　　　　　DNA/RNA 电泳仪

UV 照射器

(三)整胚原位杂交

成年的雌性和雄性斑马鱼(2 个月～2 年)　　斑马鱼胚胎　　一次性手套

2.0 ml 离心管　　　　　　　　　　　　　　离心管架　　　3 ml 巴氏吸管

1 ml 移液枪　　　　　　　　　　　　　　　1 ml 枪头　　　68 ℃恒温摇床

37℃ 水浴锅　　　　　　　　　　　　　　　铝箔纸　　　　4℃恒温摇床

立体显微镜　　　　　　　　　　　　　　　尖头细镊子　　显微镜玻片

四、实验试剂

(一)胚胎处理

卵液(0.03％海盐溶液,0.1％亚甲基蓝)

0.0045％ N-苯基硫脲(N-phenylthiourea,PTU)(置卵液中)

(二)探针合成与纯化

含有目的基因的线性化质粒在合适的启动子的启动下转录出 RNA 探针（一般 T7 RNA 聚合酶优于 T3 RNA 聚合酶）

10× DIG 标记的 NTP 混合物(Roche)

RNA 聚合酶(Promega)

10×RNA 聚合酶缓冲液(Promega)

100 mmol/L DTT (Promega)

Recombinant RNasin 核糖核酸酶抑制剂(Promega)

DNase I (NEB)

4mol/L 氯化锂

无水乙醇

70％酒精

无 RNA 酶(RNase-free)的水

琼脂糖

1×TBE

EB

(三)整胚原位杂交

链霉蛋白酶[1/100（w/v）卵液]

4% PFA(在 PBST 中)

PBST(1×PBS，0.1% Tween-20)

Proteinase K（1∶1000 稀释,在 PBST 中）

杂交液,配方如下:

50% 去离子甲酰胺;

5×SSC;

0.1% Tween-20;

50 μg/ml 肝素(Sigma);

500 μg/ml Baker's yeast tRNA(Sigma);

0.0092 mol/L 柠檬酸。

地高辛(digoxin,DIG)标记的 RNA 探针(在杂交液中 0.2~1.0 g/ml)

2×SSCT(2×SSC,0.1% Tween-20)

0.2×SSCT(0.2×SSC,0.1% Tween-20)

1×封闭液(1∶10 小牛血清,稀释在 PBST 中)

DIG 抗体(1∶5000 稀释,在 1×封闭液中)

9.5T 缓冲液(100 mmol/L Tris·HCl, pH 9.5;50 mmol/L $MgCl_2$; 100 mmol/L NaCl; 0.1% Tween-20)

发光底物（NBT/BCIP）

终止液(1×PBS, pH 5.5; 1 mmol/L EDTA; 0.1% Tween-20)

甘油

五、实验操作步骤

(一)探针合成与纯化

所有操作都在无 RNA 酶(RNase-free)的环境下进行。

1.对于每种探针,分别将表 8-1 中的各种成分加到 1.5 ml 离心管中。反应体系总体积为 20 μl。

表 8-1　加到 1.5 ml 离心管中各成分用量

成　分	每 20 μl 反应体系中各成分用量	终浓度
template DNA (linearized) with sterile water	11.25 μl	1 μg
5×transcription buffer	4 μl	1×
0.1 mol/L DTT	2 μl	10 mmol/L
10× DIG-RNA labeling mix (UTP)	2 μl	1×
RNAsin (40 U/μl)	0.25 μl	10 U
SP6，T3 或 T7 RNA polymerase (20 U/μl)	0.5 μl	10U

2.混匀,在 37 ℃水浴锅里孵育 2 h。

3.加 1 μl 不含 RNA 酶的 DNA 酶消化掉 DNA 模板,混匀,37 ℃水浴锅里孵育 30 min。

4.将离心柱 Microcon Filter (Millipore)垂直地放进收集管中组装成 M-30 离心超滤装置。

5.用无菌水将反应体积补到 100 μl,将探针加到超滤膜上,4 ℃,10000 r/min 离心 12 min,倒掉收集管中多余的 DIG-dUTP。

6.往离心柱里加 100 μl 无菌水,4 ℃,10000 r/min 离心 12 min。倒掉收集管中多余的 DIG-dUTP。

7.重复步骤 6。

8.把离心柱倒放在一个新的收集管中,4 ℃,750 r/min 离心 5 min,收集探针,弃离心柱。

9.加氯化锂使其终浓度为 4 mol/L,再加 2.5 倍体积的乙醇。−20 ℃孵育 2 h。(注意:氯化锂不能有效地使<300 个核苷酸的 RNA 沉淀。为了提高探针的浓度,可以用异丙醇沉淀。一般成功的氯化锂沉淀 RNA 的浓度需要达到 0.2 μg/μl)

10.4 ℃,12000 r/min 离心 30 min,弃上清,得到沉淀的 RNA 探针。(注意:可以留下少量液体,以免丢失部分透明的沉淀。离心的时候注意观察沉淀的位置)

11.用 70%酒精洗沉淀,4℃ 7500 r/min 离心 10 min。弃上清(注意:离心的时候注意观察沉淀的位置)。用大枪头吸掉大部分的液体(约 900 μl),剩余的液体用小枪头吸掉。

12.打开离心管盖子,在超净工作台中吹干(2～5 min)。

13.用 30～50 μl 不含 RNA 酶的水溶解 RNA 沉淀(注意:可以在 65 ℃水浴锅中,以加速溶解)。纯化的 DIG 标记的 RNA 可以在−20 ℃下保存数月。合成的探针置稀释的杂交液中可以在−20 ℃保存更长时间,因为甲酰胺可以抑制 RNA 被 RNA 酶降解。探针可以以 1 μg/ml 的浓度保存在杂交液中,使用时再稀释成工作浓度。

14.取 1/20 合成的探针进行凝胶电泳,琼脂糖浓度为 1% 。(注意:在非变性条件下,

一个好的探针应该有一个或两条独立的条带,而不是一堆模糊的条带。如果是一堆模糊的条带,说明 RNA 部分降解）

(二)胚胎处理

1.交配前一天晚上,分别将两条雄鱼和两条雌鱼放在交配盒的两边,中间用挡板隔开。

2.第二天早上将挡板拿开,1 h 后收集并用系统的水冲洗鱼卵,将鱼卵放在含有卵液(egg water)的培养皿中 28 ℃培养(每个 94 mm 培养皿中大约放 50～80 粒卵,若培养过密会导致胚胎发育迟缓和不均等发育)。为了方便观察原肠胚发育后期的胚胎需要抑制黑色素的形成,可以在原肠胚发育之后在卵液里加入 PTU(胚胎发育后 10 h)。PTU 是一种酪氨酸酶抑制剂,而黑色素的形成需要酪氨酸酶。(注意:PTU 影响早期发育,因此在原肠胚形成之前不要加 PTU)

3.继续在 PTU 中培养胚胎直到所需要的大小。吸出死卵,并且每天更换 PTU。(注意:PTU 有毒,不要将吸取卵液的吸管和吸取 PTU 的混用)

(三)整胚原位杂交

除另有说明外,所有的步骤都在 2 ml 圆头离心管中进行。确保每一个步骤中使用的溶液足够多,使胚胎完全沉浸在溶液里。每一个步骤均需在一定温度的摇床上充分摇动。

68 ℃条件下,在配有旋转平台的杂交炉里洗涤胚胎。

使用 1 ml 移液管吸去离心管内的溶液,可留少量液体在离心管内,以免触及胚胎。

1.当胚胎发育到期望的生长阶段时,用 3 ml 巴氏吸管把 50～80 条小鱼转移到 2 ml 的圆底离心管内。尽可能地吸除多余的 PTU 溶液(注:PTU 是有毒的,不要混淆使用吸取 PTU 和正常卵液的巴氏吸管)。受精后 3 天(3 dpf)之前的胚胎,仍然有绒毛膜包被。为了收集发育时期较早的样品(例如＜2 dpf),在胚胎固定之前,需用酶促方法或机械方法移除绒毛膜,以便得到伸直的胚胎照片。链霉蛋白酶(预热至 28.5 ℃)处理,可逐渐软化绒毛膜而不损坏胚胎。链霉蛋白酶处理胚胎时,可轻轻摇动并仔细观察胚胎情况。使用 3 ml 吸管轻轻地吸入、吸出胚胎,辅助绒毛膜破裂。一旦大部分胚胎的绒毛膜开始降解,迅速用正常的卵液取代链霉蛋白酶液体,然后再用新的卵液替换一次。特别需要注意的是链霉蛋白酶消化处理的时间,时间太久会导致胚胎易碎。另外,胚胎的绒毛膜可以通过锋利的针头或手术钳手动剥除。

2.4% PFA(多聚甲醛)固定胚胎 1 h。(注意:PFA 是有毒的,这一步最好在通风橱内进行。4% PFA 通常保存在 4 ℃条件下。胚胎也可以在 4 ℃条件下固定过夜)

3.移去 4% PFA,然后用 PBST 洗胚胎 10 min(注意:PFA 是有毒的,PFA 废液要丢弃到通风橱内指定的 PFA 废液瓶中)。移去 PBST。

4. 重复步骤 3。

5. 在室温条件下，用 100% 甲醇使胚胎脱水 15 min，然后在 -20 ℃ 存放胚胎至少 2 h，以便得到干净的背景。如果时间冲突，不便实验，可更换新鲜的 100% 甲醇，然后将其存储在 -20 ℃ 条件下。理论上，在 -20 ℃ 条件下，胚胎可永久保存于 100% 甲醇中。若要继续实验，移去甲醇并用下列溶液梯度处理，使胚胎再水合：75% 的甲醇/PBST，50% 的甲醇/PBST 和 25% 的甲醇/PBST，各 5min。接着用 PBST 洗涤两次，每次 10 min。

6. 用蛋白酶 K 消化胚胎 22 min。（注意：消化处理也可以用更高的稀释倍数和/或更短的时间，在稍高温度下进行。1 dpf 或发育时间更短的斑马鱼胚胎不需要蛋白酶 K 消化，而 34 hpf 的胚胎需处理 3 min，2 dpf、3 dpf、4 dpf 和 5 dfp 的胚胎需分别处理 9 min、18 min、22 min 和 35 min）。请大家注意，蛋白酶 K 处理的浓度和时间很大程度上取决于酶品牌和生产批次，需要通过实验优化条件。消化时间不足，探针不能进入胚胎，而过度消化，将改变胚胎的形态结构。移去蛋白酶 K 并用 PBST 简单润洗胚胎（注意：新鲜处理的胚胎很脆弱，这一步要特别小心，吸取液体时不要触碰胚胎，避免搅动）。移去 PBST。

7. 4% PFA 再固定胚胎 20 min 以上。

8. 移去 4% PFA，用 PBST 洗涤胚胎 10 min。

9. 重复步骤 8。

10. 在 68 ℃ 杂交炉中，用预杂交缓冲液预杂交胚胎 1 h。（注意：预杂交缓冲液，-20 ℃ 保存，可重复使用约 5~8 次。胚胎可以保持在预杂交缓冲液中，-20 ℃ 下可保存长达两周）

11. 用 DIG 标记的探针（预热至 68 ℃）替换预杂交缓冲液，68 ℃ 孵育过夜。（注意：根据最后一次观察到的信号强度，探针通常可以重复使用大约 5~8 次。低浓度的探针可以降低着色背景）

所有操作程序都在室温下用振动器振荡，除非另有说明。所有的洗涤液都在 68 ℃ 预热后使用。洗涤时振动频率可以高一点从而降低背景。但是封闭和抗体孵育的时候要温和摇动。用 1 ml 的枪吸取液体的时候应剩余少量液体，以防止枪头碰到胚胎。

12. 回收探针，-20 ℃ 保存。（注意：不要让胚胎过于干燥，否则背景会很高）

13. 在 68 ℃ 杂交炉中，用预热的 2×SSCT 洗胚胎两次，每次 20 min。（注意：对于某些探针，需要另外洗 3 次才能产生更好的信号，在用 2×SSCT 洗之前先用 50% 甲酰胺/2×SSCT 洗两次，再用 25% 甲酰胺/2×SSCT 洗一次，每次 20 min。甲酰胺有毒，应回收到专门的废液缸中）

14. 在 68 ℃ 杂交炉中用预热的 0.2×SSCT 洗胚胎 3 次，每次 30 min。

15. 用 PBST 洗 5 min，使胚胎恢复到室温。

16. 去掉 PBST，用封闭液封闭 2 h，防止非特异性抗体的结合。

17. 去掉封闭液，用抗 DIG 的抗体孵育 2 h。（注意：抗体可以重复使用 5~8 次，使用

次数可以由上一次的信号强度决定。不要让胚胎过于干燥,否则背景会很高)

18. 回收抗体,−20 ℃保存。

19. 用 PBST 洗胚胎 3 次,每次 10 min,洗掉未结合的抗体。

20. 用 9.5T 缓冲液孵育两次,每次 5 min。(注意:9.5T 缓冲液可以将胚胎的 pH 值平衡到 9.5,这是化学显色反应的最适 pH 值)

21. 去掉 9.5T 缓冲液,加底物(新鲜配制,避光保存)。用铝箔纸将离心管包起来,避光显色。

22. 每 15 min 用 3 ml 的吸管取出一部分胚胎置于观察皿中,观察颜色变化(深蓝色)。观察后将胚胎放回去继续显色。(注意:显色时间依赖于基因表达水平、探针和抗体浓度,为了得到更好的信号可以在 4 ℃显色,显色时间会长一些)

23. 信号强度足够时去掉底物,用 PBST 洗胚胎两次,每次 10 min,用终止液洗两次,每次 10 min,终止染色。胚胎可以避光保存在终止液中,4 ℃可保存数年。

六、实验结果与处理

1. 图像捕获(拍照)之前,用 1 ml 枪头转移胚胎(枪头切出一个 2 mm 左右的开口,以免损伤胚胎),尽可能最少地把终止液带到新的加入100％甘油的 2 ml 离心管内。遮光条件下,室温轻轻摇动过夜。(注意:此步骤允许水和甘油的交换。甘油是一种温和的清除剂,浸润胚胎样本后,可以增加一定程度的透明度)

2. 第 2 天,将沉浸在100％甘油中的染色胚胎置于玻璃板上,拍照。使用图像处理软件调整对比度、亮度和色彩平衡,以 TIFF 格式保存图片。原位杂交前后的斑马鱼如图8-1所示。

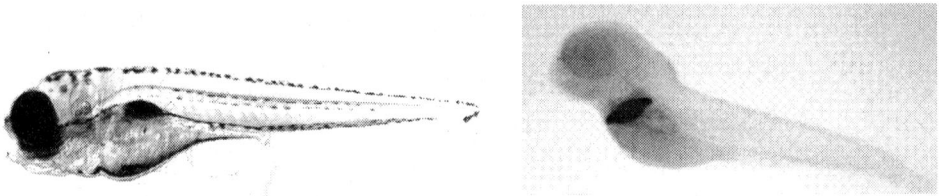

图 8-1　原位杂交前(左)与后(右)的斑马鱼(受精后 4 天)。右图用的探针为肝脏特异性探针

七、思考题

1. 为了证明观察到的信号是真实的(例如,不是背景信号),该实验用什么来做对照实验更好?

2. 与 DNA 探针相比,RNA 探针有什么优点?

八、辅助学习网站

Wish

http://www.nature.com/nprot/journal/v3/n1/full/nprot.2007.514.html#troubleshooting

学习心得：_____

二维码 27

_____

_____

_____

_____

http://www.nature.com/nprot/journal/v3/n1/pdf/nprot.2007.514.pdf

学习心得：_____

二维码 28

_____

_____

_____

_____

Wish video

http://m.ku6.com/show/b4FRscpEDtwkXNbPdXXoPA...html

学习心得：_____

二维码 29

_____

_____

_____

_____

实验九　Southern 印迹杂交

一、实验目的

1. 掌握 Southern 印迹(Southern blot)杂交的基本原理。
2. 操作 Southern 印迹杂交的基本步骤。

二、实验原理

Southern 印迹是一种基于核酸,特别是基因组 DNA 与 DNA 探针碱基互补配对特性的杂交技术,它被用来显示基因组 DNA 的状态,包括基因拷贝数和基因突变。该技术首先用一组特定的限制性内切酶将基因组 DNA 酶切成小的片段,再用琼脂糖凝胶电泳按照片段大小分离这些酶切产物,通常低电压和温度能够得到更好的分辨率。对于更小的 DNA 片段(<800 个碱基对),丙烯酰胺凝胶电泳能够得到更好的分辨率。电泳后,由于 DNA 带负电荷,可以通过毛细管作用有效地将它们转移到带正电荷的尼龙膜上。然后通过 UV 照射将 DNA 永久地固定在尼龙膜上,方便后面的杂交。用放射性标记,或者连接荧光染料,或者与某种酶偶联的与目的基因具有同源性的核酸探针,当与合适的底物孵育时,能够产生化学发光信号。

如图 9-1 所示,杂交时,通过控制杂交液成分和杂交温度促进地高辛标记的探针与固定在尼龙膜上的 DNA 片段互补结合。杂交后,用几种不同的缓冲液洗掉未结合的探针。用低强度的洗涤液去除杂交液和未杂交探针。用高强度的洗涤液能够去除部分结合的探针分子。其结果是,只有与目的基因互补的、充分结合的探针分子能保留下来。在检测时,抗地高辛碱性磷酸酶复合物会与探针特异性结合,接着底物再与抗体上的酶发生反应,释放出可见信号。

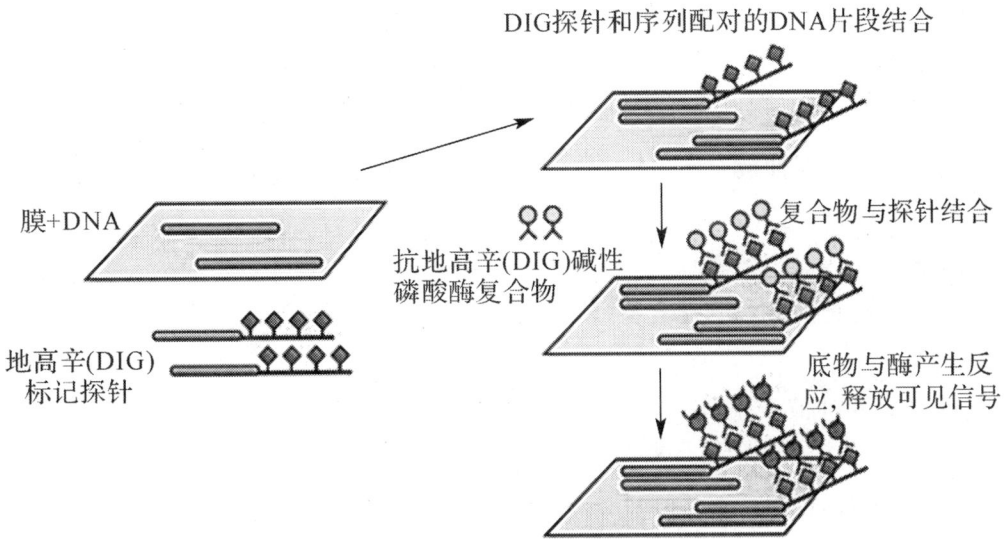

图 9-1　地高辛标记探针系统杂交与显色反应示意

三、实验器材

一次性手套	移液枪	RNase-free 枪头
RNase-free 1.5 ml 离心管	离心管架	37 ℃水浴锅
4 ℃离心机(12000 r/min)	PCR 仪	100 ℃干式恒温器
冰盒	微波炉	DNA 电泳仪
UV 照射器	塑料托盘	尼龙膜或硝酸纤维素膜
吸水纸	3MM Whatman 滤纸	剪刀/刀片
塑料板	杂交炉	杂交管
洗脱盒	恒温摇床	塑料纸
曝光仪		

四、实验试剂

限制性内切酶

10×缓冲液

高质量基因组 DNA

酚-氯仿-异戊醇(25∶24∶1)

氯仿-异戊醇 (24∶1)

7.5 mol/L 乙酸铵

无水乙醇

70%乙醇

1×TAE 缓冲液

6×DNA 上样缓冲液

DNA Marker

琼脂糖

10×DIG 标记的 dNTP 混合物(Roche)

ddH₂O

10×PCR 缓冲液

引物

Taq DNA 聚合酶

水解液(0.2 mol/L HCl)

变性液(0.5 mol/L NaOH,1.5 mol/L NaCl)

缓冲液(1.5 mol/L NaCl,1 mol/L Tris,pH 7.4)

10× SSC(1.5 mol/L NaCl, 150 mmol/L 柠檬酸钠,pH 7.0)

亚甲基蓝染色液(0.3 mol/L NaAc,pH 5.2,0.03%亚甲基蓝)

预杂交液

探针(用预杂交液稀释至 25 ng/ml)

2× SSC/0.1% SDS

0.5×SSC/0.1% SDS

0.1×SSC/0.1% SDS

1×封闭液(1%小牛血清,稀释在 MABT 中)

MABT(MAB+0.1% Tween-20;10×MAB:1 mol/L 马来酸;1.5 mol/L NaCl)

DIG 抗体(用 1×封闭液 1∶20000 稀释)

1×洗涤剂 (2×SSC/1% SDS)

10×检测液(1 mol/L Tris・HCl,pH 9.5;1 mol/L NaCl)

底物(CPD-Star,Roche)

五、实验操作步骤

(一) 限制性内切酶消化基因组 DNA

Southern 杂交用的限制性内切酶消化原理和步骤与常规限制性内切酶消化的方法一样(参见实验一　动物细胞基因组 DNA 的分离、定量和限制性内切酶消化),唯一不同的是基因组 DNA 的用量比较多,反应体积大,反应时间长,以确保完全消化。

1. 取 10~15 μg 高质量的基因组 DNA,用特定的限制性内切酶消化过夜。最好采用水浴锅（不是干式恒温器）,这样可以确保样品中反应体系的温度更接近水浴的温度,且温度更均匀。

表 9-1　基因组 DNA 酶切反应体系

成　　分	每 100 μl 反应体系中各成分用量	终浓度
genomic DNA with sterile water	76 μl	10~15 μg
10×digestion buffer	10 μl	1×
enzyme 1(10 U/μl)	2 μl	20 U
enzyme 2 (10 U/μl)	2 μl	20 U

上述反应液稍离心混匀,37 ℃酶切过夜。

2. 之后取 5 μl 样品进行 DNA 凝胶电泳,紫外灯下检测是否酶切完全。反应完全的 DNA 为片状,没有加酶的对照组 DNA 为一条完整、高相对分子质量的条带,如图 9-2 所示。

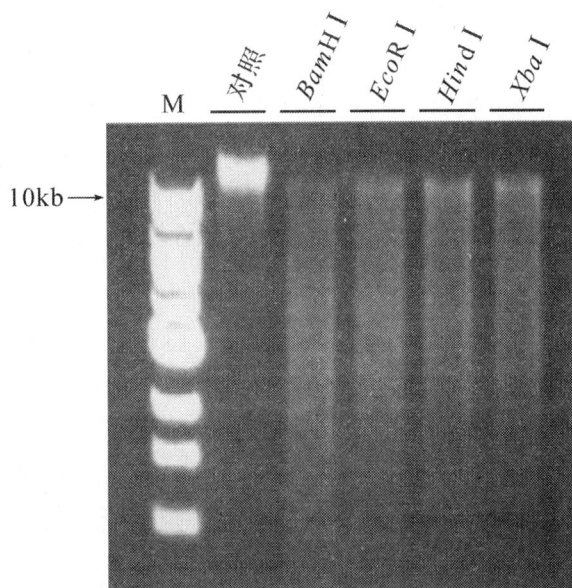

图 9-2　检查酶切反应是否完整示意

其余酶切完全样品用酚-氯仿抽提法重新沉淀 DNA(实验一　动物细胞基因组 DNA 的分离、定量和限制性内切酶消化)

3. 加等量的酚、氯仿、异戊醇,振荡混匀,12000 r/min 离心 5 min,置 4 ℃。

4. 取上层溶液至另一管(注意不要吸取中间层),加入等体积的氯仿、异戊醇,振荡混匀,12000 r/min 离心 5 min, 置 4 ℃。

5. 取上层溶液至另一管,加入 1/2 体积的 7.5 mol/L 乙酸铵,加入 2 倍体积的无水乙醇,混匀后室温沉淀 2 min,12000 r/min 离心 5 min, 置 4 ℃。

6. 小心倒掉上清液,将离心管倒置于吸水纸上,将附于管壁的残余液滴除掉。

7. 用 1 ml 70％乙醇洗涤沉淀物 1 次,12000 r/min 离心 2 min, 置 4 ℃。

8. 小心倒掉上清液,将离心管倒置于吸水纸上,将附于管壁的残余液滴除掉,室温干燥。

9. 加入 20 μl ddH$_2$O,重新溶解沉淀物。

(二) DNA 凝胶电泳

Southern 印迹杂交用的 DNA 凝胶电泳与常规方法一样(实验一　动物细胞基因组 DNA 的分离、定量和限制性内切酶消化),不同的是电泳最好在 4 ℃进行,电泳电压为 1～2 V/cm,用 1×TAE 缓冲液,电泳至溴酚蓝指示剂跑至近尾端停止,一般需要过夜。DNA 凝胶用琼脂糖加 1×TAE 缓冲液在微波炉中煮沸、溶解制备,浓度配成 0.6％即可。与平时的 DNA 凝胶电泳不同的是,制备胶的过程中无需加入 EB,电泳和制胶的设备也要求没有 EB 污染,以便后续实验。

1. 向上述酶切完后重新沉淀、溶解的 DNA 中加入 1/6 体积的 6×DNA 上样缓冲液,混匀后上样,同时也点上 Marker,进行 DNA 凝胶电泳。

(三) 含 DIG 标记 DNA 探针的杂交液的制备

Southern 印迹杂交用的 DIG 标记的 DNA 探针用常规 PCR 的方法就可以制备(实验三　聚合酶链式反应(PCR)体外扩增(克隆)DNA 片段),唯一不同的是要用 10×DNA DIG Labeling Mix 代替 PCR 中普通的 dNTPs。

1. PCR DIG 标记反应,反应体系如表 9-2 所示。

表 9-2　PCR DIG 标记反应体系

成　分	每 20 μl 反应体系中各成分用量	终浓度
template DNA with sterile water	13.5 μl	10 ng
10×PCR buffer	2 μl	1×
10×DNA DIG labeling mix	2 μl	1×
primer 1 (10 mol/L)	0.3 μl	0.15 mol/L
primer 2 (10 mol/L)	0.3 μl	0.15 mol/L
Taq DNA polymerase (5U/μl)	0.3 μl	0.75 U

94 ℃变性 3 min 后开始以下循环:

- 94 ℃变性反应 30 s;

- 56 ℃退火反应 30 s;

- 72 ℃延伸反应 40 s;

进行 30 个循环；

最后 72 ℃反应 7 min；

16 ℃冷却恒定。

2. DIG 标记的 DNA 探针反应结束后，取出小管内反应液，并转移至 1.5 ml Eppendorf 管内。随后加入 2.5 倍体积的无水乙醇，放置冰上 10 min。

3. 12000 r/min 离心 5 min。

4. 弃上清液。用 200 μl 70%乙醇洗涤沉淀物 1 次，12000 r/min 离心 3 min。

5. 弃上清液。沉淀在室温或通风柜中干燥。

6. 加入 30 μl ddH₂O 溶解。

7. 取 3 μl 样品电泳鉴定结果以及浓度。（3 μl 样品＋2 μl ddH₂O＋1 μl loading buffer 混匀）

8. 其余样品加入 100 μl 预杂交液，100 ℃ 变性 5 min，马上置于冰上。1 min 后将探针用预杂交液稀释至 25 ng/ml，即为杂交液。

（四）将凝胶上的 DNA 转移到尼龙膜或硝酸纤维素膜上

大相对分子质量的 DNA 转膜比较困难，与小相对分子质量的 DNA 一起转时，会出现迁移速度不同步的现象。所以，在转膜前，需要用盐酸处理凝胶，使大相对分子质量的 DNA 水解成小分子的片段，以利于转膜。

1. 取出电泳完的 DNA 凝胶，切去未使用的泳道及上样孔以上部分。

2. 沥干缓冲液，把凝胶放在合适大小的托盘中，加入 10 倍胶体积的水解液，使其浸没，至溴酚蓝变成黄绿色时（约 10 min）将胶取出。

3. 用足量去离子水冲洗。

4. 放入 10 倍胶体积的变性液中浸泡 45 min。

5. 用足量去离子水冲洗。

6. 浸入 10 倍胶体积的中和缓冲液中浸泡 30 min。

7. 取出后浸入去离子水中漂洗，顺便轻轻将凝胶在去离子水中翻面，即使较为光滑平整的一面朝上。

8. 准备一个干净的塑料盘注满 10×SSC，上面放置一块洁净塑料板，裁剪出一样大小的三层滤纸置于塑料板上，滤纸两端挂出等量的长度并浸于 10×SSC 中，作为盐桥。

9. 将处理好的凝胶放在上面，依次覆上略大于凝胶的尼龙膜或硝酸纤维素膜和略大于尼龙膜或硝酸纤维素膜的三层滤纸，赶走其间气泡。用保鲜膜将整个装置封住，以减少水分挥发，用刀片将滤纸上方的保鲜膜沿着凝胶的内缘轻轻划开，去掉这部分保鲜膜，使下方的滤纸暴露出来。在暴露出来的滤纸上方覆盖厚厚一叠吸水纸，压上一块玻璃板和 500 g 左右重物（图 9-3），放置 24 h 以上。期间须将湿透的吸水纸换掉，并补充托盘内的

10×SSC,保持吸水纸和重物稳定、不翻倒。

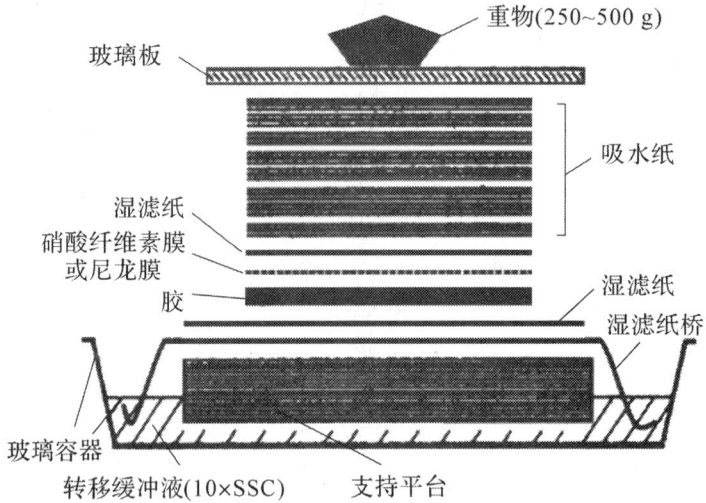

图 9-3　Southern blot 示意图

10.24 h 后,将膜取出,在 2×SSC 中稍微漂洗,再将膜与胶接触的面朝上放置在紫外交联仪中交联固定。

11.用亚甲基蓝染色液(0.3 mol/L NaAc,pH 5.2,0.03%亚甲基蓝)染色数分钟,回收染色液。

12.用去离子水漂洗 3 次。

13.此时可见弥散状的基因组 DNA 以及清晰的 DNA Marker 条带显示在 Hybond-N$^+$膜上(图 9-4),用铅笔将 DNA Marker 条带描出,以便后续观察。

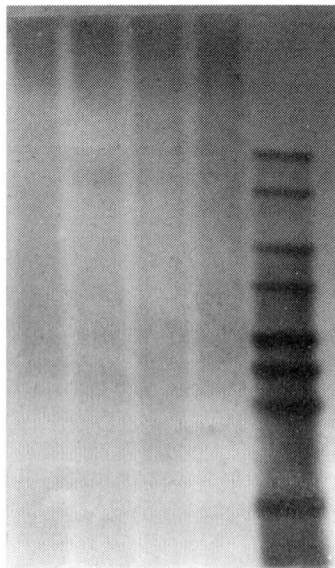

图 9-4　亚甲基蓝染色后的膜

(五) 探针杂交及显影分析

1. 将染色后的尼龙膜或硝酸纤维素膜上没有 DNA 的部分裁去,在右上角做好标记,装入杂交管中。

2. 按照膜和管子的大小加入适量预杂交液(足够覆盖整张膜的表面),放进 42 ℃ 杂交炉中慢转速预杂交 2 h。

3. 回收预杂交液,可重复使用 3 次。换入含有 DIG 探针的杂交液 (42 ℃ 预热),放回 42 ℃ 杂交炉中慢转速杂交过夜。

第 2 天用的所有漂洗溶液都要先 42 ℃ 预热,漂洗时放入约杂交管一半体积的溶液。漂洗条件一律用 42 ℃ 及最大转速。

4. 回收杂交液,可重复使用 5~10 次。换入 2×SSC/0.1% SDS 溶液,漂洗后弃去。

5. 杂交管中重新加入 2×SSC/0.1% SDS 溶液后,放回杂交炉中洗涤 15 min。

6. 弃去杂交管里的液体,加入 2×SSC/0.1% SDS 溶液,再洗 15 min。

7. 弃去杂交管里的液体,加入 0.5×SSC/0.1% SDS 溶液,洗涤 15 min。

8) 弃去杂交管里的液体,加入 0.1×SSC/0.1% SDS 溶液,洗涤 15 min。

9. 将洗好的膜用镊子取出,放在合适大小的杂交盒中,加入 1×封闭液,室温封闭 1 h,摇床轻速(30~50 r/min)摇动。

10. 用封闭液稀释碱性磷酸酶(AP)标记的 DIG 抗体至 1:20000 倍,室温孵育 2 h,摇床轻速(30~50 r/min)摇动。

11. 用 1×洗涤剂在室温下清洗膜 6 次,每次 15 min,用摇床最大转速。

12. 将膜在检测液中浸泡 3 min。

13. 用镊子把膜取出,DNA 朝上,将其置于 3MM Whatman 滤纸上,把多余的液体吸掉至膜处于半湿状态。

14. 准备两张比尼龙膜或硝酸纤维素膜稍大的洁净塑料纸,将半干膜夹在其间,DNA 朝上。

15. 掀开上面那张塑料纸把底物 CPD-Star 均匀分布在膜上。把上面那张小心盖回膜上,用干净的吸水纸把多余的底物往外推,同时把膜和塑料之间的气泡去除。室温条件下放置暗处 5~10 min。

16. 准备曝光。

六、实验结果与分析

典型条带如图 9-5 所示。

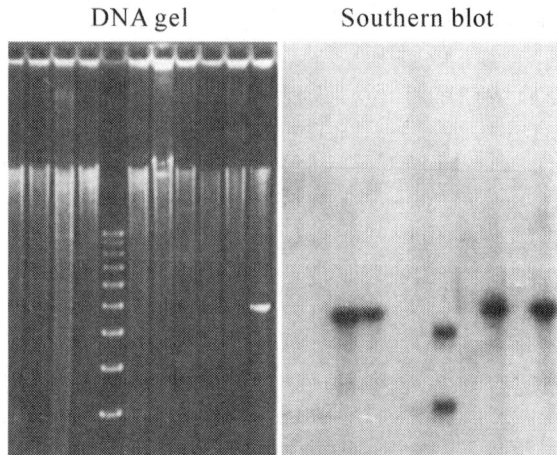

图 9-5　凝胶转膜前（左）与膜杂交后（右）对比

按照不同内切酶的组合，对样品和观察到的条带大小进行数据分析。

七、思考题

1. 转移到膜上的基因组 DNA 与 PCR 后的探针为双链 DNA，如何杂交结合？

2. 如果发觉杂交后膜背景太高无法观察到信号，可考虑改善实验步骤中的哪些步骤？如何改善？

八、辅助学习网站

Southern blot

http://www.dartmouth.edu/～staphy/protocol/southern_with_dig_probe.html

学习心得：＿＿＿＿＿＿＿＿＿＿＿＿＿＿＿＿＿＿＿＿＿＿＿＿＿

＿＿＿＿＿＿＿＿＿＿＿＿＿＿＿＿＿＿＿＿＿＿＿＿＿＿＿＿＿＿＿

＿＿＿＿＿＿＿＿＿＿＿＿＿＿＿＿＿＿＿＿＿＿＿＿＿＿＿＿＿＿＿
二维码 30

＿＿＿＿＿＿＿＿＿＿＿＿＿＿＿＿＿＿＿＿＿＿＿＿＿＿＿＿＿＿＿

＿＿＿＿＿＿＿＿＿＿＿＿＿＿＿＿＿＿＿＿＿＿＿＿＿＿＿＿＿＿＿

http://dermatology. medicine. iu. edu/files/9313/2914/5858/SouthernBlot04. pdf

学习心得：_____

_____

_____

二维码 31

_____

_____

_____

实验十　Northern 印迹杂交

一、实验目的

1. 掌握 Northern 印迹(Northern blot)杂交的基本原理。
2. 操作 Northern 印迹杂交的基本步骤。

二、实验原理

Northern 印迹杂交是一种利用 DNA 与 RNA 进行分子杂交来检测特异性 RNA 的技术,主要用来检测特定基因在转录水平上的动态表达。首先,将提取好的 RNA(或mRNA)混合物通过琼脂糖凝胶电泳按它们的大小和相对分子质量进行分离,凝胶中电泳分离出来的 RNA 转至尼龙膜或硝酸纤维素膜上,再与放射性或者其他非同位素化学标记的 DNA 探针进行杂交,通过杂交结果可以对特定基因表达量进行定性或定量。Northern 印迹杂交与 Southern 印迹杂交相比,操作步骤差不多,基本过程同 DNA 电泳,但是因为 RNA 分子对 RNA 酶的作用非常敏感,所以必须用对 RNA 有抑制作用的DEPC 水来配制所有溶液,所有与 RNA 接触的仪器和装置都要严格处理以尽量减少RNA 酶对样品的降解。另外,因为 RNA 分子的二、三级结构可以影响其电泳结果,只有在完全变性的条件下,RNA 的泳动率才与相对分子质量的对数呈线性关系,因此电泳时应在变性剂存在下进行,常用的变性剂为甲醛和戊二醛。

三、实验器材

一次性手套	移液枪	RNase-free 枪头
RNase-free 1.5 ml 离心管	离心管架	4 ℃离心机 (12000 r/min)
PCR 仪	100 ℃干式恒温器	冰盒
微波炉	DNA 和 RNA 电泳仪	UV 照射器
塑料托盘	尼龙膜或硝酸纤维素膜	吸水纸

3MM Whatman 滤纸	剪刀/刀片	塑料板
杂交炉	杂交管	洗脱盒
恒温摇床	塑料纸	曝光仪

四、实验试剂

10×DIG 标记的 dNTP 混合物（Roche）

ddH_2O

10×PCR 缓冲液

引物

Taq DNA 聚合酶

酚-氯仿-异戊醇（25∶24∶1）

氯仿-异戊醇（24∶1）

7.5 mol/L 乙酸铵

无水乙醇

70% 乙醇

10×MOPS 缓冲液（0.2 mol/L MOPS，50 mmol/L NaAc，10 mmol/L EDTA，pH 7.0）

RNA 变性剂（含 2 μl 10×MOPS，10 μl 去离子甲酰胺，3.5 μl 37% 甲醛）

6×RNA 上样缓冲液

RNA marker

琼脂糖

亚甲基蓝染色液（0.3 mol/L NaAc，pH 5.2，0.03% 亚甲基蓝）

预杂交液

探针（用预杂交液稀释至 25 ng/ml）

2×SSC/0.1% SDS

0.5×SSC/0.1% SDS

0.1×SSC/0.1% SDS（20×SSC：3 mol/L NaCl，0.3 mol/L 柠檬酸钠，pH 7.0）

1×封闭液（1% 小牛血清，稀释在 MABT 中）

MABT（MAB+0.1% Tween-20；10×MAB：1 mol/L 马来酸；1.5 mol/L NaCl）

DIG 抗体（用 1×封闭液 1∶20000 稀释）

1×洗涤剂（2×SSC/1% SDS）

10×检测液（1 mol/L Tris·HCl，pH 9.5；1 mol/L NaCl）

底物（CPD-Star，Roche）

五、实验操作步骤

(一)含 DIG 标记 DNA 探针的杂交液的制备

Northern 杂交用的 DIG 标记 DNA 探针用常规 PCR 方法就可以制备(实验三　聚合酶链式反应(PCR)体外扩增(克隆)DNA 片段),唯一不同的是要用 $10 \times$ DNA DIG labeling mix 代替 PCR 中普通的 dNTPs。

1. 典型 PCR DIG 标记反应体系如表 10-1 所示。

表 10-1　典型 PCR DIG 标记反应体系

成　分	每 20 μl 反应体系中各成分用量	终浓度
template DNA with sterile water	13.5 μl	10 ng
$10 \times$ PCR buffer	2 μl	$1 \times$
$10 \times$ DNA DIG labeling mix	2 μl	$1 \times$
primer 1 (10 mol/L)	0.3 μl	0.15 mol/L
primer 2 (10 mol/L)	0.3 μl	0.15 mol/L
Taq DNA polymerase (5U/μl)	0.3 μl	0.75 U

94 ℃变性 3 min 后开始以下循环:

- 94 ℃变性反应 30 s;
- 56 ℃退火反应 30 s;
- 72 ℃延伸反应 40 s;

进行 30 个循环;

最后 72 ℃反应 7 min;

16 ℃冷却恒定。

2. DIG 标记的 DNA 探针反应结束后,取出小管内反应液,并转移至 1.5 ml Eppendorf 管内。随后加入 2.5 倍体积的无水乙醇,放置冰上 10 min。

3. 12000 r/min 离心 5 min。

4. 弃上清液。用 200 μl 70%乙醇洗涤沉淀物 1 次,12000 r/min 离心 3 min。

5. 弃上清液。沉淀室温或通风柜中干燥。

6. 加入 30 μl ddH$_2$O 溶解。

7. 取 3 μl 样品电泳鉴定结果以及浓度。(3 μl 样品＋2 μl ddH$_2$O＋1 μl loading buffer 混匀)

8. 其余样品加入 100 μl 预杂交液,100 ℃ 变性 5 min,马上置于冰上。1 min 后将探针用预杂交液稀释至 25 ng/ml,即为杂交液。

(二)RNA 样品的准备(表 10-2)

表 10-2 RNA 样品的准备

成　分	变性体系
RNA	$10 \sim 30 \ \mu g$
RNA 变性剂	$15.5 \ \mu l$

1.65 ℃变性 20 min,立即置于冰上 10 min。

2.加入 5 μl 上样缓冲液,混匀待用。

(三)RNA 变性凝胶电泳及转膜

1.用灭菌去离子水将 10×MOPS 溶液稀释到 1×,加入 1.3%琼脂糖粉末,微波炉融化凝胶,冷却至 50 ℃ 左右。

2.加入 5.3%(v/v)的甲醛,混匀后倾倒至无 EB 污染的制胶模具中,静置冷却,备用。

3.将凝固后的 MOPS 变性胶置于 1×MOPS 电泳缓冲液中,加样并进行电泳,同时加入 RNA 相对分子质量标准液作为参照,以 8 V/cm 的电压进行电泳。电泳结果如图 10-1 所示。(上样缓冲液中,溴酚蓝染料的迁移速率与 500 nt 的 RNA 相当;二甲苯青 FF 染料的迁移速率与 4000 nt 的 RNA 相当,可据此判断电泳时间)

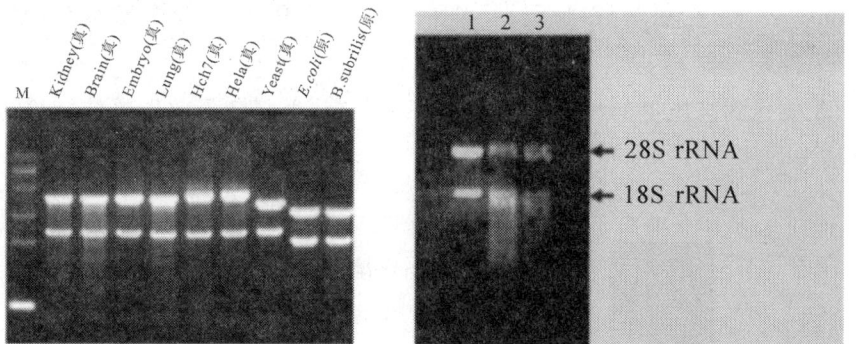

真核与原核RNA电泳图　　　　1:高质量RNA;2~3:部分降解RNA

图 10-1　RNA 电泳图

4.电泳结束后用灭菌去离子水漂洗凝胶,随后在 10×SSC 溶液中平衡两次,每次 15 min。

5.同时准备适当大小的尼龙膜或硝酸纤维素膜和 3 张 3MM Whatman 滤纸,同样在 10× SSC 溶液中平衡待用。

6.准备一干净白瓷盘（与 Southern 杂交用的分开），上置一块洁净塑料板，裁剪两块大型滤纸重叠置于其上，使滤纸两端挂出至白瓷盘内。在白瓷盘中注满 $10 \times SSC$，并使滤纸湿润，成为盐桥。

7.将凝胶反置其上，随后依次覆上尼龙膜或硝酸纤维素膜和三层滤纸，赶走其间气泡。用保鲜膜将整个装置封住，以减少水分挥发，用刀片将滤纸上方的保鲜膜沿着凝胶的内缘轻轻划开，去掉这部分保鲜膜，使下方的滤纸暴露出来。在暴露出来的滤纸上方覆盖厚厚一叠吸水纸，压上一块塑料板和 500 g 左右重物，放置 24 h 以上（图 10-2）。期间须将湿透的吸水纸换掉，并补充托盘内的 $10 \times SSC$，并要保持吸水纸和重物稳定、不翻倒。

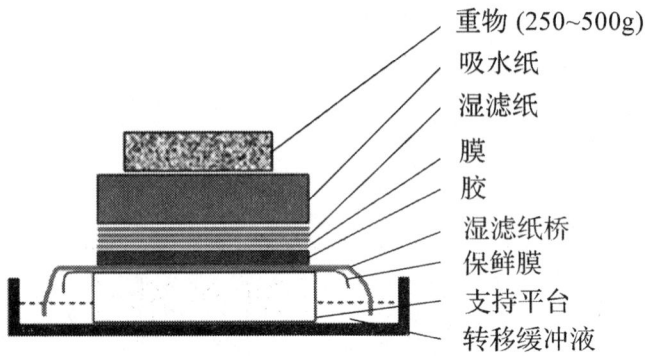

图 10-2　Northern blot 示意

8.转膜完成后，将膜正面朝上，置于紫外交联仪中交联固定。

9.随后用 RNA 亚甲基蓝染色液染色，以检测 RNA 质量及其转移效果。（28S rRNA 的大小为 3000～4000 个氨基酸，18S rRNA 的大小为 1500～2000 个氨基酸，两者的条带亮度以2：1为佳）

10.RNA 要达到高质量的情况下才能往下做杂交，否则杂交效果欠佳，对数据分析有误导，具体情况如图 10-3 所示。

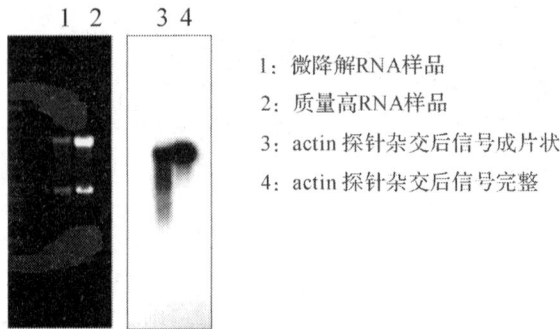

1：微降解RNA样品
2：质量高RNA样品
3：actin 探针杂交后信号成片状
4：actin 探针杂交后信号完整

图 10-3　电泳图及杂交膜

(四)探针杂交及显影分析

1.将染色后尼龙膜或硝酸纤维素膜上没有 DNA 的部分裁去,在右上角做好标记,装入杂交管中。

2.按照膜和管子的大小加入适量预杂交液,以足够覆盖整张膜的表面为宜,放进 50 ℃ 杂交炉中慢转速预杂交 2 h。

3.回收预杂交液,可重复使用 3 次。换入含有 DIG 探针的杂交液(50 ℃ 预热),放回 50 ℃ 杂交炉中慢转速杂交过夜。

第 2 天继续操作。

4.回收杂交液,可重复使用 5~10 次。

5.先用 2×SSC/0.1% SDS 溶液常温洗涤杂交管中的膜两次,每次 10 min。

接着用的所有漂洗溶液都要先 65 ℃ 预热,漂洗时放入约为杂交管一半体积的溶液。漂洗条件一律用 65 ℃ 及最大转速。

6.杂交管中加入 0.5×SSC/0.1% SDS 溶液后,放回杂交炉中洗涤 15 min,弃液。

7.重复步骤 6。

8.杂交管中加入 0.1×SSC/0.1% SDS 溶液,洗涤 15 min,弃液。

9.重复步骤 8。

随后的实验在室温下进行。

10.将洗好的膜用镊子取出,放在大小合适的杂交盒中,经洗涤缓冲液洗涤 10 min,摇床轻速。

11.加入封闭液,封闭 1 h,摇床轻速。

12.接着换入含 1:20000 倍稀释的 DIG 抗体,孵育 2 h,摇床轻速。

13.孵育完成后,弃尽溶液,加入洗涤缓冲液洗涤 15 min,用摇床最大转速,弃液。

14.重复步骤 13。

15.将膜在检测液中平衡 5 min。

16.用镊子把膜取出,DNA 朝上,将其置于 3MM Whatman 滤纸上,把多余的液体吸掉,直到膜处于半湿状态。

17.准备两张比尼龙膜或硝酸纤维素膜稍大的洁净塑料纸,将半干膜夹在其间,DNA 朝上。

18.掀开上面那张塑料纸,把底物 CPD-Star 均匀滴加在膜上。把上面那张小心盖回膜上,用干净的吸水纸把多余的底物往外推,同时把膜和塑料之间的气泡去除。室温条件下放置暗处 5~10 min。

19.准备曝光。

六、实验结果分析

分析杂交结果。典型结果如图 8-4 所示。

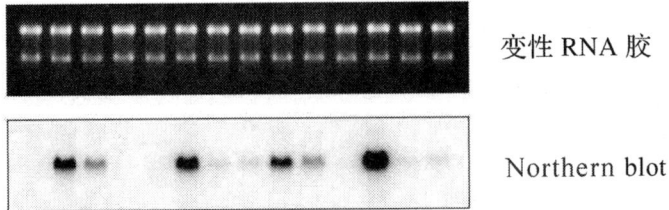

变性 RNA 胶

Northern blot

图 10-4 杂交结果分析。上图:不同组织 RNA 电泳图;下图:某探针杂交图

七、思考题

1. 怎么判断你看到的低杂交信号不是由于低质量导致的,即 RNA 降解?

2. Southern blot 与 Northern blot 有何区别?

八、辅助学习网站

Northern blot

http://www. protocol-online. org/prot/Molecular_Biology/RNA/Northern_Blotting /index. html

学习心得: _____

_____

_____

二维码 32

_____

_____

http://stokes.chop.edu/web/weiss/Northern.html

学习心得：_____

_____

_____

_____

_____

二维码 33

http://archive.bio.ed.ac.uk/ribosys/protocols/website_Northern_blotting.pdf

学习心得：_____

_____

_____

_____

_____

二维码 34

Northern video

http://www.dnatube.com/video/2999/Nouthern-Blot

学习心得：_____

_____

_____

_____

二维码 35

实验十一　　Western 印迹杂交

一、实验目的

了解蛋白质印迹杂交技术的方法和操作要点。

二、实验原理

蛋白质印迹法一般是将 SDS-聚丙烯酰胺凝胶电泳分离的蛋白质分子区带通过一定的方法转移并固定到一种特殊的载体上,使之成为稳定的、经得起各种处理并容易检出的固定化生物大分子。常用的转移方法有电转移、毛细管转移等,常用载体有硝酸纤维素膜(NC 膜)、聚偏二氟乙烯膜(PVDF 膜)、尼龙膜等,它们与生物大分子都是共价结合的。然后通过特异性试剂(抗体)作为探针,对靶蛋白进行检测。蛋白质的 Western 印迹(Western blot)杂交技术结合了凝胶电泳的高分辨率和固相免疫测定的特异敏感等多种特点,可检测到低至 1~5 ng(最低可到 10~100 pg)中等大小的靶蛋白。

三、实验器材

电转移设备　　玻璃器皿

四、实验试剂

1.1×转印缓冲液(pH 8.3):5.8 g Tris,2.9 g Gly,200 ml 甲醇,0.37 g SDS,1000 ml ddH$_2$O。

2.丽春红储液:2 g 丽春红,30 g 三氯乙酸,30 g 磺基水杨酸,100 ml H$_2$O,用时 1:9 稀释。

3.TBS:20 mmol/L Tris,150 mmol/L NaCl,pH 7.4(2.4228 g Tris,8.775 g NaCl, 1000 ml H$_2$O)。

4. TTBS：含 0.5％ Tween-20 的 TBS(10 μl Tween-20＋20 ml TBS,混匀)。

5. 封闭液：1 g 脱脂奶粉＋20 ml TTBS。

6. Tris・HCl：0.05 mol/L,pH 7.6(0.6057 g Tris,100 ml H_2O)。

7. DAB(二氨基联苯胺)显色液母液：DAB 25 mg/ml,NiCl 100 mg/ml。用时：200 μl DAB 母液＋40 μl NiCl 母液＋10 ml 0.05mol/L Tris・HCl(pH 7.6)＋5 μl 30％ H_2O_2,快速混匀。(剧毒,注意防护!)

8. 硝酸纤维素膜(NC 膜)或 PVDF 膜。

9. 过硫酸铵(APS)。

10. 四甲基乙二胺(TEMED)。

11. 辣根过氧化物酶(HRP)。

五、实验操作步骤

(一)SDS-聚丙烯酰胺凝胶电泳(SDS-PAGE)分离蛋白质

1. 实际操作

(1)制胶前的准备

1)检查是否有足够的、干净的制胶盒、样品梳子和架子。

2)检查是否有新鲜、足量的 10％ APS,没有立刻重配。

3)按将要检测的抗体对应的原始抗原的相对分子质量大小,计算出胶的浓度,并算出分离胶各组分的用量。

(2)制胶、电泳

1)装好架子。

2)按照如表 11-1 所示配方配制分离胶。

表 11-1　配制分离胶的配方　　　　(单位:ml,总体积：8ml)

浓　　度	7.5％	10％	15％
2×separate buffer	4	4	4
30％ gel solution	2.0	2.7	4
ddH_2O	1.9	1.2	0
TEMED	8 μl	8 μl	8 μl
10％ APS	80 μl	80 μl	80 μl

在胶上面加入一层蒸馏水,促进胶更好地凝集。

3）待分离胶凝集后,按照如表 11-2 所示配方配制浓缩胶。

表 11-2　　配制浓缩胶的配方　　（单位：ml，总体积：3.5 ml）

浓　度	3%
2×stacking buffer	1.7
30% gel solution	0.35
ddH$_2$O	1.4
TEMED	5 μl
10% APS	50 μl

倒好后插入预先准备好的梳子。

4）待胶凝集好后,上样,电泳。上层胶用 60～80 V 电压；当样品至分离胶时,用 100～120 V 电压。一般电泳时间在 1.5 h 左右。

5）考马斯亮蓝染色、脱色。

2.注意事项及常遇到的问题

(1)分离胶不要倒得太满,需要有一定的浓缩胶空间,否则起不到浓缩效果。

(2)上样蛋白量不应超过 30 μg/mm^2。（载荷面计算方法：如果你的胶槽是 5 mm×1 mm,则载荷面为 1 mm×5 mm=5 mm^2）

(3)胶通常在 0.5～1 h 内凝集最好,过快表示 TEMED、APS 用量过多,此时胶太硬、易龟裂,而且电泳时容易烧胶；太慢则说明两种试剂用量不够或者系统不纯或失效。

(4)若混合搅拌速度太快,则会产生气泡而影响聚合,导致电泳带畸形；若混合搅拌速度太慢,则不均匀,特别是甘油。

(5)电泳中常出现的一些现象：①条带呈笑脸状⌣,原因是凝胶不均匀冷却,中间冷却不好。②条带呈皱眉状⌢,可能是由于装置不合适,特别可能是凝胶和玻璃挡板底部有气泡,或者两边聚合不完全。③拖尾：原因可能是样品溶解不好。④纹理(纵向条纹)：原因可能是样品中含有不溶性颗粒。⑤条带偏斜：原因可能是电极不平衡或者加样位置偏斜。⑥条带两边扩散：原因可能是加样量过多。

(二)电转移

在电流的作用下,使蛋白质从胶转移至固相载体(膜)上,叫电转移。膜的选择：印迹中常用的固相材料有 NC 膜、尼龙膜、PVDF 等。将凝胶夹层组合放在吸有转移缓冲液 (transfer buffer)的滤纸之间,通过滤纸上吸附的缓冲液传导电流,起到转移的效果(参见图 1-1)。

一般采用电流 1～2 mA/cm^2,通常为 100 mA/膜。按照目的蛋白质分子大小、胶浓

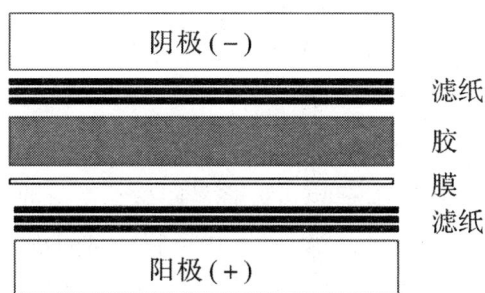

图 11-1　蛋白质电泳转移示意

度选择转移时间,具体可以根据实际适当调整(表 11-3)。

表 11-3　根据目的蛋白质大小、胶浓度选择转移时间

目的蛋白质分子的相对分子质量	胶浓度（%）	转移时间（h）
80000～140000	8	1.5～2.0
25000～80000	10	1.5
15000～40000	12	0.75
＜20000	15	0.5

1. 具体操作

(1)滤纸和膜的准备(在电泳结束前 20 min 应开始准备工作)

1)检查是否有足够的转移缓冲液,没有立即配制。

2)检查是否有合适大小的滤纸和膜。

3)将膜泡入甲醇中,约 1～2 min。再转入转移缓冲液中。

4)将合适的靠胶滤纸和靠膜滤纸分别泡入转移缓冲液中。

(2)转移

1)在电转移仪上铺好下层滤纸,一般用 3 层。

2)将膜铺在靠膜滤纸上,注意和滤纸间不要有气泡,再倒一些转移缓冲液到膜上,保持膜的湿润。

3)将胶剥出,去掉浓缩胶,小心地移到膜上。

4)剪去膜的左上角,在膜上用铅笔标记出胶的位置。

5)将一张靠胶滤纸覆盖在胶上。倒上一些转移缓冲液,再铺两张靠胶滤纸。

6)装好电转移仪,根据需要选定所需的电流和时间。

7)转移过程中要随时观察电压的变化,如有异常应及时调整。

2. 注意事项及常遇到的问题

1)滤纸、胶、膜之间的大小,一般是滤纸≥膜≥胶。

2)滤纸、胶、膜之间千万不能有气泡,否则气泡会造成短路。

3)因为膜的疏水性,所以膜必须首先在甲醇中完全浸湿。而且在以后的操作中,膜也必须随时保持湿润(干膜法除外)。

4)滤纸可以重复利用,上层滤纸(靠膜)内吸附有很多转移透过的蛋白质,所以上下滤纸一定不能弄混,在不能分辨的情况下,可以将靠胶滤纸换新的。

5)转移时间一般为 1.5 h($1\sim2$ mA/cm², 10%胶),可根据相对分子质量大小调整转移时间和电流大小。

(三)转移后效果的鉴定

一般可用考马斯亮蓝染色、脱色后,看胶上是否还有蛋白来反映转移的效果。

(四)抗体结合与显色

1.在转移结束前配好 5%的脱脂奶粉或牛奶(TBST 溶解)。转移结束后将膜放入牛奶中阻断(block)(一定要放在干净的容器里,避免污染,而且要足以覆盖膜),并清洗整理好用过的滤纸,以便下次使用。阻断时,4 ℃过夜,或室温 1 h。

2.孵育一抗

①先将需要检测的抗体准备好,并决定好它们的稀释度。②配好 5%的牛奶(TBST 溶解),按要求稀释好抗体。注意:如需高比例稀释,最好采用梯度稀释。③将稀释好的抗体和膜一起孵育,一般采用室温 1 h,可根据抗体量和膜上抗原量适当延长或缩短时间。注意:为了便于后面分析结果,我们一般会选用已确定相对分子质量大小而且纯度高的抗体作为标示物,且将其与一抗同时孵育。

3.洗涤

先用 TTBS 快速洗 3 次,把牛奶尽快洗掉。然后再慢洗,每次 5 min,共 5 次。洗涤是为了洗去一抗与抗原的非特异性结合,洗涤的效果直接影响结果背景的深浅。

4. 孵育二抗

室温孵育 1 h。一般采用 HRP 标记的二抗,稀释比例为 1∶5000。二抗的稀释比例不能太低,否则容易导致非特异性结合。注意:二抗的选择有多种,要根据一抗来选择抗兔、抗鼠或者抗羊的二抗,以及根据后面的显色条件来选择 HRP、AP 或者 GOD(葡萄糖氧化酶)酶链的二抗或者标志其他探针(如核素等)的二抗。

5.洗涤

先用 TTBS 快速洗 3 次,把牛奶尽快洗掉。然后再慢洗,每次 5 min,共 5 次。洗涤是为了洗去二抗的非特异性结合,洗涤的效果直接影响结果背景的深浅,所以洗涤一定要干净。

6.DAB 显色

也可根据试剂盒说明,对膜进行显色,观察和记录结果。

六、思考题

1. 电转移是用什么原理将蛋白质印迹到 NC 膜上的?
2. 影响电转移的因素有哪些?

七、辅助学习网站

Western bolt

http://www.dartmouth.edu/~staphy/protocol/western_protocol.html

学习心得:_____

二维码 36

_____

_____

_____

http://www.abcam.com/protocols/general-western-blot-protocol

学习心得:_____

二维码 37

_____

_____

_____

https://www.biomol.de/details/AD/protocol-GPCR-WB.pdf

学习心得:_____

二维码 38

_____

_____

http://www. cellsignal. com/contents/resources-protocols/western-blotting-protocol/western

学习心得：_____

_____

二维码 39

_____

_____

_____

Western video

http://www. dnatube. com/video/4338/The-process-of-Western-Blotting-explained

学习心得：_____

_____

二维码 40

_____

_____

_____

附　　录

附录一　分子生物学常用试剂的配制

一、LB(Luria-Bertani)培养液的配制

配制每升 LB 培养液,应在 950 ml 去离子水中加入:

细菌培养用酵母提取物(bacto-yeast extract)　　　　　5 g

细菌培养用胰化蛋白胨(bacto-tryptone)　　　　　　　10 g

NaCl　　　　　　　　　　　　　　　　　　　　　　10 g

摇动容器直至溶质完全溶解,用 5 mol/L NaOH 溶液(约 0.2 ml)调节 pH 值至 7.0,加入去离子水至总体积为 1 L,在 1.034×10^5 Pa(151 bf/in²)高压下蒸汽灭菌 20 min。

二、LB 琼脂平板的配制

先按上述配方配制液体培养基,临高压灭菌前加入琼脂糖 15 g/L,同法高压蒸汽灭菌 20 min。从高压灭菌器中取出培养基时,应轻轻旋动以使溶解的琼脂糖能均匀分布于整个培养基溶液中,在培养基降温至 50 ℃时,加入抗生素等不耐热的物质。为避免产生气泡,混匀培养基时应采取旋动的方式,然后可直接从烧瓶中倾出培养基来铺制平板。90 mm直径的培养皿约需 30~50 ml 培养基,培养基完全凝结后,应倒置平皿并储存于 4 ℃备用。

三、琼脂糖凝胶的配制

根据所需凝胶的浓度称取琼脂糖,加入相应电泳缓冲液中,用微波炉加热煮沸至琼脂

糖完全溶解,加入适量 EB 混匀,适当冷却后倾入凝胶铸槽中,插入梳子,凝胶厚度不超过梳孔,如有气泡产生则用玻璃棒驱除,不能过早拔除梳子,应待凝胶完全凝结后才能拔除梳子。

四、P1、P2、P3 的配制

(一)P1 的配制

在 800 ml 去离子水中溶入 Tris 碱 6.06 g,EDTA-Na$_2$ · 2H$_2$O 3.72 g,用 HCl 溶液调整 pH 值至 8.0,用去离子水调整体积至 1 L,每升 P1 内加入 RNase A 100 mg。

(二)P2 的配制

在 950 ml 去离子水中溶入 NaOH 8.0 g ,20% SDS 50 ml,调整体积至 1 L。

(三)P3 的配制

在 500 ml 去离子水中溶入乙酸钾 294.5 g,用冰醋酸调整 pH 值至 5.5,用去离子水调整体积至 1 L。

五、常用缓冲液

(一)TE

pH 7.4
    10 mmol/L Tris · HCl (pH 7.4)
    1 mmol/L EDTA(pH 8.0)

pH 7.6
    10 mmol/L Tris · HCl (pH 7.6)
    1 mmol/L EDTA(pH 8.0)

pH 8.0
    10 mmol/L Tris · HCl (pH 8.0)
    1 mmol/L EDTA(pH 8.0)

(二)STE 液(也称 TEN)

0.1 mmol/L NaCl
10 mmol/L Tris · HCl (pH 8.0)
1 mmol/L EDTA(pH 8.0)

(三)STE 液(另一种配方)

10 mmol/L Tris • HCl(pH 8. 0)

10 mmol/L NaCl

10 mmol/L EDTA(pH 8. 0)

(四)STET

0. 1 mmol/L NaCl

10 mmol/L Tris • HCl (pH 8. 0)

1 mmol/L EDTA(pH 8. 0)

5% Triton X-100

(五)TNT

10 mmol/L Tris • HCl(pH 8. 0)

150 mmol/L NaCl

0. 05% Tween-20

(六)电泳缓冲液

(1)Tris-乙酸(TAE):50×浓储存液

每升中加入:

242 g Tris 碱

57. 1 ml 冰醋酸

100 ml 0. 5 mmol/L EDTA(pH 8. 0)

使用时再稀释 50 倍。

(2)Tris-磷酸(TPE):10×浓储存液

每升中加入:

108 g Tris 碱

15. 5 ml 85%磷酸(1. 679 g/ml)

40 ml 0. 5 mmol/L EDTA(pH 8. 0)

使用时再稀释 10 倍。

(3)Tris-硼酸(TBE):5×浓储存液

每升中加入:

54 g Tris 碱

27. 5 g 硼酸

20 ml 0.5 mmol/L EDTA(pH 8.0)

使用时再稀释 10 倍。

(4)碱性缓冲液:1×使用液

每升中加入:

5 ml 10 mol/L NaOH

2 ml 0.5 mmol/L EDTA(pH 8.0)

(5)Tris-甘氨酸:5×浓储存液

每升中加入:

15.1 g Tris 碱

94 g 甘氨酸(电泳级)(pH 8.3)

50 ml 10% SDS(电泳级)

2×SDS 凝胶加样缓冲液

100 mmol/L Tris·HCl (pH 6.8)

200 mmol/L 二硫苏糖醇(DTT)

4% SDS(电泳级)

0.2% 溴酚蓝

20% 甘油

(七)30% 丙烯酰胺

将 29 g 丙烯酰胺和 1 g N,N'-亚甲双丙烯酰胺溶于总体积为 60 ml 的水中,加热至 37 ℃溶解,补加水至终体积为 100 ml。用 Nalgene 滤器 (0.45 μm 孔径)过滤除菌,检查该溶液的 pH 值(应不大于 7.0)后,置棕色瓶中,保存于室温。

(八)10 mol/L 乙酸铵溶液

把 770 g 乙酸铵溶解于 800 ml 水中,加水定容至 1 L 后过滤除菌。

(九)1 mol/L $CaCl_2$ 溶液

在 200 ml 纯水中(Milli-Q 水或相当级别的水)溶解 54 g $CaCl_2 \cdot 6H_2O$,用 0.22 μm 滤器过滤除菌,分装成 10 ml 小份,储存于−20 ℃。

(十)2.5 mol/L $CaCl_2$ 溶液

在 20 ml 蒸馏水中溶解 13.5 g $CaCl_2 \cdot 6H_2O$,用 0.22 μm 滤器过滤除菌,分装成 1 ml 小份,储存于−20 ℃。

(十一)1 mol/L 二硫苏糖醇(DTT)溶液

用 20 ml 0.01 mol/L 乙酸钠溶液(pH 5.2)溶解 3.09 g DTT,过滤除菌后分装成 1 ml 小份,储存于−20 ℃。

(十二)0.5 mol/L EDTA (pH 8.0)溶液

在 800 ml 水中加入 186.1 g 二水乙二胺四乙酸二钠(EDTA-Na_2·$2H_2O$),在磁力搅拌器上剧烈搅拌,用 NaOH 调节溶液的 pH 值至 8.0,然后定容至 1 L,分装后高压灭菌备用。

(十三)10 mg/L 溴化乙锭

在 100 ml 水中加入 1 g 溴化乙锭,磁力搅拌数小时以确保其完全溶解,然后用铝箔包裹容器或转移至棕色瓶中,保存于室温。

(十四)1 mol/L $MgCl_2$ 溶液

在 800 ml 水中溶解 203.3 g $MgCl_2$·$6H_2O$,用水定容至 1 L,分装成小份,并高压灭菌备用。

(十五)酚-氯仿

把酚和氯仿等体积混合后用 0.1 mol/L Tris·HCl (pH 7.6)抽提几次以平衡这一混合物,置棕色玻璃瓶中,上面覆盖等体积的 0.01 mol/L Tris·HCl (pH 7.6)液层,保存于 4 ℃。

(十六)磷酸盐缓冲溶液(PBS)

在 800 ml 蒸馏水中溶解 8 g NaCl、0.2 g KCl、1.44 g Na_2HPO_4 和 0.24 g KH_2PO_4,用盐酸来调节溶液的 pH 值至 7.4,加水定容至 1 L,高压蒸汽灭菌 20 min。保存于室温。

(十七)乙酸钾溶液(用于碱裂解)

在 60 ml 5 mol/L 乙酸钾溶液中加入 11.5 ml 冰醋酸和 28.5 ml 水,即成钾浓度为 3 mol/L 而乙酸根浓度为 5 mol/L 的溶液。

(十八)3 mol/L 乙酸钠溶液(pH 5.2 和 7.0)

在 800 ml 水中溶解 408.1 g 三水乙酸钠,用冰醋酸调节 pH 值至 5.2,或用稀乙酸调节 pH 值至 7.0,加水定容至 1 L,分装后高压灭菌。

(十九)1 mol/L Tris 溶液

在 800 ml 水中溶解 121.1 g Tris 碱,加入一定体积的浓盐酸来调节 pH 值至所需值:

pH	HCl
7.4	70 ml
7.6	60 ml
8.0	42 ml

应使溶液冷至室温后方可最后调定 pH 值,加水定容至 1 L,分装后高压灭菌。

(二十)Tris 缓冲盐溶液(TBS)

在 800 ml 蒸馏水中溶解 8 g NaCl、0.2 g KCl 和 3 g Tris 碱,加入 0.015 g 酚红并用盐酸调 pH 值至 7.4,用蒸馏水定容至 1 L,分装后在 151 bf/in²(1.34×10⁵ Pa)高压下蒸汽灭菌 20 min,于室温保存。

(二十一)5 mmol/L NH₄Ac 溶液

称取乙酸铵 192.7 g,加重蒸水 250 ml,混匀,加重蒸水定容至 500 ml 108 kPa(约 1.1 kg/cm²)灭菌 20 min。

(二十二)10 mg/ml BSA(小牛血清白蛋白)溶液

称取 100 mg 小牛血清白蛋白,溶于 10 ml 灭菌重蒸水中。置于 4 ℃冰箱储存备用。

(二十三)10%十二烷基硫酸钠(SDS)

在 900 ml 水中溶解 100 g 电泳级 SDS,加热至 68 ℃(助溶),加入几滴浓盐酸,调节溶液的 pH 值至 7.2,加水定容至 1 L,分装备用。

(二十四)提取 DNA 的溶液配制

(1)蛋白酶 K(20 mg/ml):20 mg 溶于 1 ml 灭菌双蒸水中。

(2)1 mol/L Tris·HCl (pH 8.0):121.4 g Tris 碱溶于 800 ml 灭菌双蒸水中,用浓盐酸溶液调节 pH 值至 8.0,定容至 1 L,高压灭菌。

(3)0.5 mol/L EDTA (pH 8.0):186.1 g EDTA 溶于 800 ml 灭菌双蒸水中,用 NaOH 溶液调节 pH 值至 8.0,定容至 1 L,高压灭菌。

(4)5 mol/L NaCl:58.4 g NaCl 溶于 150 ml 灭菌双蒸水中,加水定容至 200 ml,高压灭菌。(200 ml)

(5)10% SDS:加 100 g SDS 于 900 ml 灭菌双蒸水中,68 ℃助溶,用浓盐酸溶液调节

pH 值至 7.2,定容至 1 L。

(6)DNA 提取液:50 mmol/L Tris·HCl (pH 8.0),100 mmol/L EDTA (pH 8.0),100 mmol/L NaCl,1% SDS。

(7)3 mol/L NaAc(pH 5.2):408.1 g NaAc·3H$_2$O 溶于 800 ml 灭菌双蒸水中,用冰醋酸调节 pH 值至 5.2,定容至 1 L,高压灭菌。

(8)TE(pH 8.0):10 mmol/L Tris·HCl (pH 8.0),1 mmol/L EDTA (pH 8.0),高压灭菌。

(9)3 mol/L 乙酸钠:称 40.8 g NaAc·3H$_2$O,加 40 ml 去离子水溶解,用冰醋酸调节 pH 值至 5.2,最后定容至 100 ml。

附录二　核酸、蛋白质的各种换算

一、分光光度值与核酸浓度的换算

1 A_{260} unit dsDNA(双链 DNA)=50 μg/ml

1 A_{260} unit ssDNA(单链 DNA)=33 μg/ml

1 A_{260} unit ssRNA(单链 RNA)=40 μg/ml

二、蛋白质分子质量(μg)与物质的量(pmol)的换算

100 pmol 相对分子质量为 100000 的蛋白质分子=10 μg

100 pmol 相对分子质量为 50000 的蛋白质分子=5 μg

100 pmol 相对分子质量为 10000 的蛋白质分子=1 μg

100 pmol 相对分子质量为 1000 的蛋白质分子=100 ng

三、DNA 分子质量(μg)与物质的量(pmol)的换算

1 μg 的 1000 bp DNA=1.52 pmol (对于 DNA 双链是 3.03 pmol)

1 μg 的 pBR322 DNA=0.36 pmol DNA

1 pmol 的 1000 bp DNA=0.66 μg

1 pmol 的 pBR322 DNA=2.8 μg

四、蛋白质/DNA 之间的换算

1 kb 的 DNA 可编码 333 个氨基酸＝相对分子质量为 37000 的蛋白质分子

270 bp 的 DNA＝相对分子质量为 10000 的蛋白质分子

810 bp 的 DNA＝相对分子质量为 30000 的蛋白质分子

2.7 kb 的 DNA＝相对分子质量为 100000 的蛋白质分子

五、DNA 分子质量(μg)与物质的量(pmol)的换算公式

(一)对于 dsDNA 分子

(1)将 pmol 转换为 μg:
$$pmol \times N \times (660 \ pg/pmol) \times (1 \ \mu g/10^6 \ pg) = \mu g$$

(2)将 μg 转换为 pmol:
$$\mu g \times (10^6 \ pg/\mu g) \times (pmol/660 \ pg) \times (1/N) = pmol$$

其中,N 是核酸碱基对数,660 pg/pmol 是每对碱基的平均相对分子质量(M_W)。

(二)对于 ssDNA 分子

(1)将 pmol 转换为 μg:
$$pmol \times N \times (330 \ pg/pmol) \times (1 \ \mu g/10^6 \ pg) = \mu g$$

(2)将 μg 转换为 pmol:
$$\mu g \times (10^6 \ pg/\mu g) \times (pmol/330 \ pg) \times (1/N) = pmol$$

其中,N 是核酸碱基数,330 pg/pmol 是每个碱基的平均相对分子质量(M_W)。

图书在版编目（CIP）数据

动物分子生物学实验指导/吴小锋，罗丽健主编．
—杭州：浙江大学出版社，2016.12
ISBN 978-7-308-15878-7

Ⅰ.①动… Ⅱ.①吴… ②罗… Ⅲ.①动物学－分子
生物学－实验－高等学校－教材 Ⅳ.①Q95-33

中国版本图书馆 CIP 数据核字（2016）第 108674 号

动物分子生物学实验指导

吴小锋 罗丽健 主编

丛书策划	阮海潮（ruanhc@zju.edu.cn）
责任编辑	阮海潮
责任校对	潘晶晶
封面设计	续设计
出版发行	浙江大学出版社
	（杭州市天目山路 148 号　邮政编码 310007）
	（网址：http://www.zjupress.com）
排　　版	杭州中大图文设计有限公司
印　　刷	杭州杭新印务有限公司
开　　本	787mm×1092mm　1/16
印　　张	7.25
字　　数	154 千
版 印 次	2016 年 12 月第 1 版　2016 年 12 月第 1 次印刷
书　　号	ISBN 978-7-308-15878-7
定　　价	27.00 元

ZHEJIANG UNIVERSITY PRESS
浙江大学出版社

互联网+教育+出版

教育信息化趋势下，课堂教学的创新催生教材的创新，互联网+教育的融合创新，教材呈现全新的表现形式——教材即课堂。

立方书

轻松备课

分享资源

发送通知

作业评测

互动讨论

"一本书"带走"一个课堂"　教学改革从"扫一扫"开始

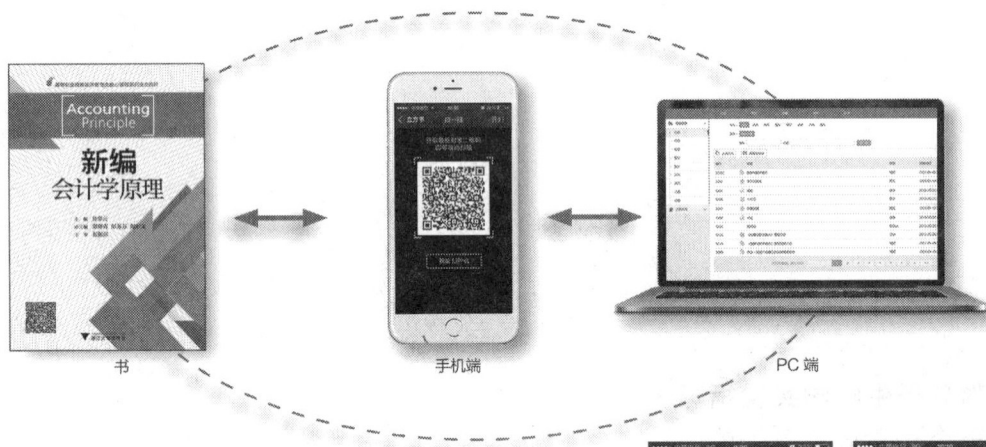

书　　　　　　　　　手机端　　　　　　　　　PC端

打造中国大学课堂新模式

【创新的教学体验】

开课教师可免费申请"立方书"开课，利用本书配套的资源及自己上传的资源进行教学。

【方便的班级管理】

教师可以轻松创建、管理自己的课堂，后台控制简便，可视化操作，一体化管理。

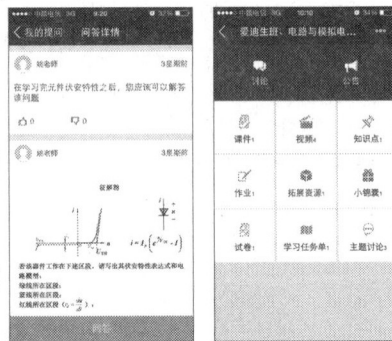

【完善的教学功能】

课程模块、资源内容随心排列，备课、开课，管理学生、发送通知、分享资源、布置和批改作业、组织讨论答疑、开展教学互动。

扫一扫 下载APP

教师开课流程

⇒在APP内扫描封面二维码，申请资源

⇒开通教师权限，登录网站

⇒创建课堂，生成课堂二维码

⇒学生扫码加入课堂，轻松上课

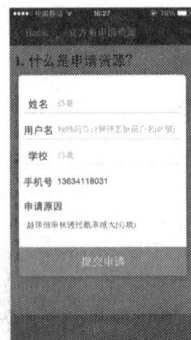

网站地址：www.lifangshu.com
技术支持：lifangshu2015@126.com；电话：0571-88273329